Active Office

Josef Glöckl · Dieter Breithecker

Active Office

Warum Büros uns krank machen und
was dagegen zu tun ist

 Springer Gabler

Josef Glöckl
Haar, Deutschand

Dieter Breithecker
Wiesbaden, Deutschand

ISBN 978-3-658-05927-9   ISBN 978-3-658-07516-3 (eBook)
DOI 10.1007/978-3-658-07516-3

Die Deutsche Nationalbibliothek verzeichnet diese Publikation in der Deutschen Nationalbibliografie; detaillierte bibliografische Daten sind im Internet über http://dnb.d-nb.de abrufbar.

Springer Gabler
© Springer Fachmedien Wiesbaden 2014

Springer Gabler ist eine Marke von Springer DE. Springer DE ist Teil der Fachverlagsgruppe
Springer Science+Business Media
www.springer-gabler.de

Geleitwort

Wir entwickeln uns mehr und mehr zu einer Gesellschaft von Dauersitzern. Die digitale Welt hat die Arbeitsplätze erobert, nimmt uns Arbeit ab und hält uns den Rücken frei. Doch leider nur im umgangssprachlichen Sinne. War der Gang zum Drucker oder Faxgerät früher noch die einzige willkommene Bewegung, so hat uns die wachsende papierlose Gesellschaft heute fest auf den Stuhl geschnürt. Nahezu jeder Zweite arbeitet heute im Sitzen und das im Schnitt sieben Stunden lang. „Ich habe Rücken" ist nicht nur eine humorvolle Floskel sondern Rückenbeschwerden zählen heute zur Volkskrankheit Nr. 1. Vor 10 Jahren hatte noch keiner von der Sekretärinnenkrankheit gesprochen doch heute zählt es als RSI-Syndrom fast zur Berufskrankheit und das ist keineswegs nur auf Sekretärinnen beschränkt.

Dauersitzen führt zu gesundheitlichen Einschränkungen, verminderter Arbeitsfähigkeit und zu Arbeitsausfall. Unmotivierte Mitarbeiter kosten Unternehmen Milliarden.

Sind die Mitarbeiter dagegen gesund und zufrieden, profitiert das Unternehmen. Glückliche, motivierte und gesunde Mitarbeiter steigern den Börsenwert eines Unternehmens. Das ist das Ergebnis einer Studie von 2014. Fragt man die Mitarbeiter so sagen immerhin zwei Drittel, dass sie sich nach einem Arbeitsalltag mit Bewegung sehnen. Sie wünschen sich einen ergonomischen Arbeitsplatz.

Sicher, es gibt heute schon ein Fülle ergonomischer Hilfsmittel, mit deren Unterstützung die individuelle Belastung verringert werden kann. Aber in der Regel lösen sie nicht den Bewegungsmangel sondern manchen ihn lediglich erträglicher.

Was fehlt ist der ganzheitliche Ansatz.

Und genau hier sind Unternehmen in der Pflicht und tun gut daran ihre Mitarbeiter wieder in „Bewegung" zu setzen. Das hat gleich zwei deutliche Vorteile: Motivierte Mitarbeiter steigern die Performance eines Unternehmens und moderne Arbeitsplätze steigern die Anziehungskraft für Nachwuchskräfte. Bei dem heute schon stattfindenden „War for Talents" ein wesentlicher Wettbewerbsfaktor.

Josef Glöckl geht mit diesem Buch „Active Office" genau diesen Weg und zeigt uns eindrucksvoll wie der Arbeitsplatz und die gesamte Arbeitsorganisation strukturiert werden muss, um Mitarbeiter wieder zu aktivieren.

Ich durfte Herrn Glöckl vor einiger Zeit in seinem „Active Office" Testbüro besuchen und mich selbst von dieser Komplexität und Dynamik überzeugen. Hier passt sich nicht der Mensch den Büromöbeln an sondern der gesamte Arbeitsplatz dem Menschen.

Im Fokus steht die Aktivierung des Mitarbeiters und die Steigerung des Arbeits- und Lebensqualität im Büro. In unserem digitalen Zeitalter, in dem Flexibilität und ständige Wandelfähigkeit gefragt ist, braucht es Mitarbeiter mit einem frischen Geist und viel Energiereserven. Die Basis für Innovationen und Einsatzbereitschaft.

Dieses Buch ist für mich mehr als richtungsweisend für Unternehmen, die zukunftsorientiert denken. Es zeigt eindrucksvoll das Zusammenspiel von Mensch, Arbeitsplatz und natürlich der technischen Möglichkeiten. Die Dynamik die wir von unseren Computern und Smartphones erwarten wird nun auch auch auf die Mitarbeiter übertragen. Wenn Mitarbeiter Ihren Arbeitsraum als Gestaltungs- und Lebensraum verstehen entwickelt sich daraus eine Eigendynamik und Eigenverantwortung. Das überträgt sich auf die gesamte Arbeitsatmosphäre im Unternehmen. Eines der wichtigsten Instrumente unternehmerischen Erfolgs ist die Selbst- sowie die Mitarbeitermotivation. Kein anderer Faktor bestimmt so nachhaltig den Erfolg und die Produktivität eines Unternehmens wie die Leistungsbereitschaft und -fähigkeit seiner Mitarbeiter.

Active Office ist der Nährboden für unglaubliches Wachstumspotential.

Jetzt sind die Unternehmen am Zug!

Ihr Edgar K. Geffroy

Business Neudenker

Edgar K. Geffroy ist Unternehmer, Wirtschaftsredner, Bestsellerautor und Business Neudenker. Mit 30 Jahren Berufserfahrung als Unternehmensberater zählt er heute zu den erfolgreichsten Referenten und Vordenkern in Deutschland. Der Erfinder des Clienting® setzte bereits in den 90er Jahren neue Maßstäbe im Bereich Mitarbeiter- und Kundenorientierung und Veränderung durch den digitalen Wandel.

Vorwort

Wenn Sie zu sich selbst ehrlich sind und von sich uneingeschränkt behaupten können, dass Sie trotz vieler Stunden Büroarbeit Ihren Gesundheitszustand und damit Ihre Lebensqualität nicht mehr verbessern können, dann legen Sie dieses Buch zur Seite. Geben Sie es jemandem, der es nötiger hat als Sie.

Gehören Sie jedoch zu der weitaus größeren Gruppe von Menschen, die aus einem gewissen Leidensdruck heraus zu diesem Buch gegriffen hat, beispielsweise

- wegen Ihrer vielfältigen Rücken- oder sonstigen Beschwerden,
- wegen Ihrer ständigen Abgeschlagenheit, gegen die auch die nächste Tasse Kaffee nichts mehr nützt,
- wegen mangelnder Lebensfreude,
- wegen des ständigen Chaos auf Ihrem Schreibtisch, dem damit einhergehenden Stress und Ihrer Unzufriedenheit mit der eigenen Leistung,

dann ist es nicht ausgeschlossen, dass Ihnen während der Lektüre ein Licht aufgeht und Sie erkennen, dass Sie dringend an Ihrer Situation etwas ändern müssen (und zwar am besten sofort).

Seit mehr als 20 Jahren lässt mich dieses Thema nicht mehr los. Ich hatte damals fürchterliche Rückenschmerzen, versuchte es erst mit einem Sitzball, entwickelte dann, angeregt durch die Idee meiner Frau, einer begnadeten Osteopathin, den mittlerweile weltweit verbreiteten „swopper" und weitere ergonomische Sitzmöbel. Aber mit der Zeit habe ich erfahren, dass das „gute Sitzen" allein nicht genügt. Wir müssen Büroarbeit vielmehr ganz neu denken!

Das habe ich in den vergangenen Jahren getan. Das Ergebnis ist das Konzept Active Office. Es lässt Sie, entsprechend Ihren Genen aus der Steinzeit, mit intuitiven, spontanen und komplexen Bewegungen Ihre Büroarbeit verrichten.

Der Sportwissenschaftler und Leiter der Bundesarbeitsgemeinschaft für Haltungs- und Bewegungsförderung e. V., Dr. Dieter Breithecker, hat in Teil II Einsichten aus seiner langjährigen Forschung zum „Enriched Environment – Büroräume als heimliche Bewegungsverführer" beigesteuert.

Und schließlich habe ich noch einige Fakten zum Thema Ernährung angefügt. Das wird Sie vielleicht auf den ersten Blick überraschen. Aber unser Essen sollte ebenso zu unseren ererbten Genen passen wie die Bewegung im Büro.

Schauen Sie sich an, was davon zu Ihrem Leben passt. Nach jahrelangem Arbeiten im Prototyp des Active Office garantiere ich Ihnen: Je mehr Sie davon umsetzen, desto besser werden Sie sich fühlen!

Danksagung

Ohne meine Frau wäre dieses Buch nicht entstanden. Ihr Aufruf: „Warum erfindest Du nicht was, damit sich die Leute im Büro nicht kaputt sitzen?", vor mehr als 20 Jahren, war der Initialzünder, mich mit der „nicht artgerechten Haltung des Menschen im Büro" zu beschäftigen. Durch sie und ihre Leidenschaft für die Osteopathie begriff ich auch die Zusammenhänge im menschlichen Körper und dass man kein Symptom isoliert betrachten darf. Ihr gilt mein allergrößter Dank.

Vertieft wurde mein Verständnis für die Evolution des Menschen und seine Physiologie durch die KPNI-Seminare (Klinische Psycho-Neuro-Immunologie) bei meinem Freund Prof. Leo Pruinboom und durch die jahrelangen Diskussionen, meist beim Abendessen, mit Jürgen Gröbmüller, der einige Jahre bei uns wohnte. Dafür bin ich beiden dankbar.

Seit vielen Jahren verbindet mich eine Freundschaft mit Dr. Dieter Breithecker, der mir durch seine lebendigen Vorträge und sein großes Wissen über Bewegung und die Bedürfnisse des Menschen nach abwechslungsreicher sensorischer Kost viele wertvolle Impulse gegeben hat.

Schließlich möchte ich mich noch bei unseren Kunden bedanken, die mir durch ihre Rückmeldungen über die Verwendung unserer Produkte wertvolle Hinweise für die Weiterentwicklung und Verbesserung gegeben haben. Den Mitarbeitern in unserer Firma gebührt ebenso mein Dank, denn sie haben es ohne Murren akzeptiert, dass ich mich immer wieder wochenlang aus dem täglichen Geschäft zurückgezogen habe, um an diesem Buch zu schreiben. Ganz besonders möchte ich mich bei unserem Designer, Herrn Tobias Caratiola, bedanken, der mit seinen Entwürfen, Renderings und Grafiken dem Konzept des Active Office erst Leben eingehaucht hat.

Für die wertvollen Tipps bezüglich der Gestaltung und den Aufbau des Buches und die Überarbeitung des Textes möchte ich mich bei Iris Röll herzlich bedanken sowie bei meiner Lektorin Stefanie Teichert. Dem Verlag und Maria Akhavan, die mich vorbildlich betreut hat, gilt ebenso mein herzliches Dankeschön!

München, im Juli 2014

Josef Glöckl

Einleitung

Sie kennen sicher Ötzi, die Gletschermumie, oder? Er lebte um 3.200 v. Chr. in der Jungsteinzeit in der Gegend der Südtiroler Alpen. Nach allem, was wir heute wissen, hatte er ein bewegtes Leben – im wahrsten Sinne des Wortes. Er legte kilometerweite Strecken zurück, um Wild zu jagen, Wurzeln und Beeren oder Feuerholz zu sammeln. Kleidung und Werkzeuge musste er selbst herstellen, und auch der Weg zu Freunden und Verwandten war vermutlich weit. Bewegung und körperliche Arbeit waren für ihn lebensnotwendig.

Würden wir Ötzi heute in ein Büro setzen, würde er krank werden. Nicht nur, weil er sein bewegtes Leben an der frischen Luft vermissen würde, sondern weil sein Körper nicht dafür geschaffen war. Er würde vermutlich Rückenschmerzen bekommen, sein Stoffwechsel würde außer Balance geraten, er würde Gewicht zulegen und nach einigen Jahren mit unserer Ernährung vielleicht eine Herzkrankheit und Diabetes entwickeln oder an Krebs sterben.

Auch unser Körper ist nicht für Büroarbeit geschaffen. Innerlich sind wir alle noch Steinzeitmenschen. Unsere Gene haben sich seitdem kaum verändert. Sie fordern von uns, dass wir uns ausdauernd und spontan bewegen. Im Büro und in unserer Freizeit tun wir dies immer weniger. Wer sich aber gegen seine Natur verhält, verspürt keine Lebensfreude, ist nicht leistungsfähig und wird früher oder später krank. Die dramatisch steigende Zahl von Zivilisationskrankheiten ist der Beweis dafür.

Die Art und Weise wie wir im Büro arbeiten, ist also eine Sackgasse für die menschliche Entwicklung. Wir müssen Büroarbeit menschengerecht gestalten, also im Einklang mit unserer genetischen Veranlagung. Dies ist das Ziel des Active Office. Und Ötzi kann uns dafür einen Weg weisen.

Je weiter wir uns von der Natur entfernen, desto kränker werden wir.

Kurzfassung (für Eilige)

Teil I Active Office – das Büro als Bewegungsraum
Josef Glöckl

Wir werden auf Dauer nur gesund und leistungsfähig bleiben, wenn wir uns gemäß unserer genetischen Veranlagung verhalten. Denn genetisch sind wir noch Steinzeitmenschen wie vor 5.000 Jahren. Wir benötigen also Bewegung, um gesund zu überleben. Bekommt unser Körper zu wenig davon, werden wir zuerst krank, wie es die steigende Zahl der Zivilisationskrankheiten zeigt, verlieren unsere Leistungsfähigkeit und Lebensqualität und werden schließlich zum Pflegefall, bevor unser Leben zu Ende geht.

Aber: Welche Art von Bewegungen entspricht unserer Veranlagung? Bewegung ist nicht gleich Bewegung. Denken Sie an die gleichförmigen Bewegungsmuster der Fließbandarbeit, an schnelle wiederholte Bewegungen beim Tippen oder an die monotone Haltearbeit, die Ihr Rücken beim starren Sitzen leisten muss. Diese Bewegungen entsprechen nicht unserer genetischen Veranlagung und sind für den Menschen langfristig schädlich.

Die Bewegung, die dem Menschen entspricht, ist von Bedürfnissen gesteuert. Früher hat jedes Bedürfnis des Menschen Bewegung ausgelöst: Hunger, Durst, Neugierde, der Wunsch nach Wärme, sozialem Kontakt oder Sex. Die Bewegungen wurden durchgeführt, ohne lange darüber nachzudenken, man wollte ein Ziel erreichen, z. B. die reife Frucht pflücken und essen. Deshalb braucht der Mensch Bewegungen, die intuitiv, spontan, komplex und abwechslungsreich ablaufen – auch im Büro.

Wie kann man im Büro solche Bewegung erreichen?

Auf jeden Fall nicht mit herkömmlichen Büromöbeln und der üblichen Arbeitsorganisation. Denn diese sind bewusst darauf ausgelegt, sich möglichst wenig bewegen zu müssen. Wir benötigen vielmehr einen „Bewegungsraum" an jedem Arbeitsplatz. Dies ist ein neues Element bei der Gestaltung von Arbeitsplätzen. Bewegung war bisher im Büro nicht vorgesehen und findet sich auch in keiner DIN-Vorschrift.

Die Arbeitsorganisation muss also so verändert werden, dass jedes Bedürfnis des Menschen – nach Information, nach einem neuen Vorgang, nach Ablage, nach dem Telefon etc. – regelmäßig intuitive, komplexe, abwechslungsreiche Bewegung hervorruft – und zwar in allen drei Dimensionen durch Aufstehen, Gehen, in die Hocke gehen, Stehen, Strecken etc.

Erreicht wird dies im Active Office durch zwei Maßnahmen:

- Die gesamte Ablage befindet sich im *Orgaboard* (der Schreibtisch dient nur zum Arbeiten) und
- statt an einem Schreibtisch arbeitet man an einer *Steharbeitsfläche* und einer *Sitzarbeitsfläche*, die jeweils nur halb so groß sind wie ein konventioneller Schreibtisch.

Beide Arbeitsflächen sind mit Bildschirm, Tastatur und Maus bestückt. Unterstützt durch die *Active Office Software* wandert der Bildschirminhalt nach einem bestimmten, selbst gewählten Intervall von einer Arbeitsfläche zur anderen. Zum Telefonieren steht man auf, denn das Headset befindet sich auf dem *zentralen Computerblock*. Zum Durchsuchen der Terminvorlage geht man in die Knie, denn diese befindet sich in einem Ausziehfach unten. Zum Abholen eines neuen Vorgangs streckt man sich, denn dieser befindet sich im Orgaboard oben. Die Befriedigung jedes Bedürfnisses bedingt Bewegung.

Es obliegt jedem Einzelnen, seine Arbeit so zu organisieren, dass möglichst viel oder auch nur wenig Bewegung erforderlich ist. Dies hängt auch sehr von der Art der Arbeit ab, die zu verrichten ist. Das Orgaboard, der zentrale Computerblock und die beiden Arbeitsflächen bieten dafür ein Höchstmaß an Flexibilität.

Bewegung auch im Sitzen ermöglicht ein aktiv dynamischer Bürostuhl, der sich dreidimensional den Aktivitäten des Menschen anpasst. Richtig eingestellt und verwendet, vermeidet dieser Verspannungen und Rückenschmerzen.

Da auch längerfristiges Stehen den Körper einseitig belastet, sollte an der Steharbeitsfläche eine aktiv dynamische Stehhilfe verwendet werden. So befindet man sich auch in einer aufrecht gestreckten „sitzenden" Position mit dieser im labilen Gleichgewicht und muss ständig die Balance halten. Die gesamten Muskelketten und Nervenbahnen von den Füßen bis zum Kopf sind ständig aktiv wie beim Gehen und Laufen. Richtig verwendet, vermeidet sie Verspannungen und Rückenschmerzen. Durch die ständige, leichte Bewegung bleibt der Benutzer aufmerksam und aufnahmebereit, Müdigkeit wird vermieden und die Fehlerhäufigkeit reduziert.

Besonders monoton ist auch die Bewegung auf einförmigen, ebenen, harten Böden. Dies kommt in der Natur nicht vor. Dort finden sich weder asphaltierte Straßen noch Nadelfilz als Bodenbelag. Um den ganzen Tag alert zu bleiben, benötigt unser Gehirn vielfältige, nicht vorhersehbare Reize, die auf unseren gesamten Körper einwirken, vor allem über das Gleichgewichtssystem. Wir brauchen also einen die Sinne „reizenden" Boden. Deshalb empfehlen wir, den Bewegungsraum zwischen dem Orgaboard und den beiden Arbeitsflächen mit einem Active Floor auszulegen. Dieser aktiviert – wie der Boden bei einem Waldspaziergang – ständig unsere Sensoren der Fußsohlen.

Zur Steigerung der Arbeitseffizienz und zum Schutz vor Störungen bei wichtigen Tätigkeiten, schlagen wir den Einsatz eines *Kommunikationsindikators* (KOMI) vor. Dieses Gerät zeigt an, wann Sie für eine Kommunikation „offen" sind (der KOMI leuchtet „Grün") oder nicht („Rot"). Damit kann das gefürchtete Muster aus „Konzentration – Störung – neuerliche Konzentration auf ein Thema" vermieden werden.

Ein weiteres Element des Active Office ist die Kreativcouch, die ein neues, zusätzliches Bewegungsmuster erlaubt. Zum Lesen, Korrigieren oder Konzipieren eines Vorgangs bietet sie eine willkommene Abwechslung.

Bewegen Sie sich, denn Schonen schadet!

Von Natur aus besitzt der Mensch ein ausgeprägtes Bewegungsbedürfnis. Dieses wird uns aber durch Erziehung und Büroarbeit ausgetrieben. Reaktivieren Sie es wieder, denn Schonen schadet! Je weniger Sie sich bewegen, desto träger werden Sie – bis Sie erschöpft im Fernsehsessel sitzend rufen: „Schatz, bring mir noch ein Bier!" Dann ist es allerhöchste Zeit, Ihren Lebensstil zu ändern, denn dann ist es nicht mehr weit bis zum Ausbruch einer der vielfältigen Zivilisationskrankheiten.

Teil II   Enriched Environment – Büroräume als heimliche Bewegungsverführer

Dr. Dieter Breithecker

Ein gesunder Körper unterliegt komplexen Wechselwirkungsprozessen, die sich nicht in lineare Soll-Vorschriften wie einer korrekten DIN-Ausstattung für den Arbeitsplatz einbinden lassen. Er braucht vielmehr variable Anreize – in geistiger wie körperlicher Hinsicht.

Ein gutes Büro bietet dem Menschen, wie es ihn im Zuge seiner Entwicklung biologisch geprägt hat, natürliche – die Natur betreffende – Sinnesreize. Das heißt: möglichst Tageslicht, frische Luft, nicht zu laute Hintergrundgeräusche und Ähnliches. Aber auch unsere Tiefensensibilität muss regelmäßig und bedarfsgerecht stimuliert werden. Dies funktioniert nicht bei starrem Sitzen in einem konventionellen Büro, sondern nur in einer aktivierenden Umgebung wie dem Active Office. Denn Sitzen schadet unserem Körper! Schon vier Stunden unbewegliches

Verharren auf dem Bürostuhl bringen unseren Stoffwechsel durcheinander – ein Schaden, der durch Ausgleichssport am Abend oder am Wochenende nicht mehr auszugleichen ist.

Das reizende Büro verführt also permanent zu leichter Bewegung, ohne dass das dem Menschen immer bewusst wird.

Teil III   Ernährung – Der Mensch ist, was er isst
Josef Glöckl

Das Konzept des Active Office erlaubt es Ihnen, langfristig gesund zu bleiben – bei einer deutlich gesteigerten Leistungsfähigkeit und Lebensqualität. Sie können sich aber noch so viel und gesund bewegen, solange Sie sich nicht entsprechend Ihrer genetischen Veranlagung, also entsprechend Ihrer Natur, ernähren, werden Sie keines der oben genannten Ziele erreichen. Ernährung und Bewegung sollten also beide – auch im Büro, Ihrem Arbeitsalltag – entsprechend Ihrer genetischen Veranlagung erfolgen, wenn Sie Ihre Lebensqualität steigern wollen!

Inhalt

Teil I

Active Office –
das Büro als Bewegungsraum

Autor: Josef Glöckl

1. Die Arbeit in einem konventionellen Büro

1.1. Der vorschriftsmäßig eingerichtete Arbeitsplatz

Frisch und energiegeladen betreten Sie früh morgens Ihr Büro. Dann müssen Sie sich setzen. Denn Ihr Arbeitsplatz ist so eingerichtet, dass Sie gar nicht mit der Arbeit beginnen können, wenn Sie sich nicht vorher hinsetzen. Alle Arbeitsmittel sind in Griffweite angeordnet, sodass keine überflüssige Bewegung die Arbeit verzögert. Refa-Fachleute[1] haben auf die Zehntelsekunde gestoppt, wie viel Zeit Sie benötigen, um den Hefter in die Hand zu nehmen und wieder abzulegen, und Ihren Arbeitsplatz daraufhin optimiert.

80 % der Fläche Ihres Schreibtisches sind bedeckt (Abb. 1.1). Hier stapeln sich Akten, Dokumente oder sonstige Gegenstände, die Sie mehr oder weniger oft benötigen. Maximal 20 % dienen Ihnen als Arbeitsfläche. Bildschirm, Tastatur, Maus und Telefon sind griffbereit, die Arbeit kann beginnen.

Doch schon nach kurzer Zeit bemerken Sie, dass Ihre ursprüngliche Energie und Frische deutlich abgenommen haben. Was ist der Grund dafür? Lassen Sie uns den üblichen Büroalltag eines „Schreibtischtäters" näher betrachten:

---

[1] Der REFA-Verband wurde 1924 in Berlin als „Reichsausschuss für Arbeitszeitermittlung" gegründet und ist damit Deutschlands älteste Organisation für Arbeitsgestaltung, Betriebsorganisation und Unternehmensentwicklung.

Büroarbeit

Der übliche Arbeitstag eines im Büro arbeitenden Menschen ist erfüllt von

- Arbeit am Computer,
- Besprechungen,
- Telefonaten und
- Essenspausen.

Alle Tätigkeiten werden im Sitzen erledigt. Der Arbeitsplatz ist so organisiert, dass sich in einer Art „Cockpit" alle Dokumente und Utensilien, einschließlich Tastatur und Maus, „in Reichweite" befinden, sodass ein Aufstehen aus dem Bürostuhl nicht nötig ist. Dies wird als ineffiziente Zeitverschwendung angesehen.

Abb. 1.1   Konventioneller Arbeitsplatz

Büroeinrichtung

Büros werden nach pekuniären Effizienzkriterien eingerichtet. Die Fläche pro Mitarbeiter wird minimiert. Die Büroeinrichtung ist genormt und gleichartig. Sie variiert lediglich in Abhängigkeit von der hierarchischen Stellung im Betrieb. Auf die Spitze getrieben wird dies in den USA und in vielen anderen industrialisierten Ländern, wo „Cubicals" (Abb. 1.2) die gängige Büroeinrichtung für Mitarbeiter aller Hierarchiestufen darstellen, mit Ausnahme des Topmanagements.

Außer den zum Gehen vorgesehenen Flächen zwischen den Arbeitsplätzen steht den Mitarbeitern kein Bewegungsraum zur Verfügung. Eine Abgrenzung der Arbeitsbereiche findet oft nicht statt, das Licht ist künstlich, die Luft klimatisiert und der Lärmpegel hoch (Abb. 1.3).

Abb. 1.2 Großraum-büro in Manila

Es drängt sich förmlich auf, diese Art der Haltung von Menschen mit der Käfighaltung bei Tieren zu vergleichen (Abb. 1.4). Die Effizienzkriterien sind die gleichen: Optimierung der Fläche pro Individuum.

Abb. 1.3 Großraumbüro

Abb. 1.4   Ein-Etagen-Systeme bei der Legehennenhaltung – Eierproduktion auf einer Ebene

Die Normen

Für deutsche Büros sind die Anforderungen an die Gestaltung eines Arbeitsplatzes unter anderem in der Deutsche Industrienorm (DIN) festgelegt (Abb. 1.6). Die Einhaltung dieser regelmäßig veralteten Vorgaben der DIN[2] wird durch die Berufsgenossenschaften überwacht, die noch eigene Empfehlungen hinzufügen. Damit ist die Ausgestaltung eines deutschen Büroarbeitsplatzes ziemlich genau definiert. Das gilt dann als ergonomisch (Abb. 1.5).

Der Mensch als Maß der Dinge

Abb. 1.5   Der Mensch als Maß der Dinge. Bei dem nach DIN genormten Büroarbeitsplatz ist Bewegung nicht vorgesehen, sondern nur Höhen-, Tiefen-, Breiten- und Abstandsmaße sowie Winkel. Das wird den Mitarbeitern dann als „Ergonomie" verkauft

---

2   Die Norm ist deshalb regelmäßig veraltet, da es meist mehr als 20 Jahre dauert, bis sich neue Erkenntnisse in einer Norm wiederfinden. Eine Erneuerung der Norm findet daneben zumeist nur auf Druck der Industrie statt, die sich damit vor unliebsamen Wettbewerbern schützt. In letzterem Fall kann es auch schneller gehen, bis die Norm aktualisiert wird.

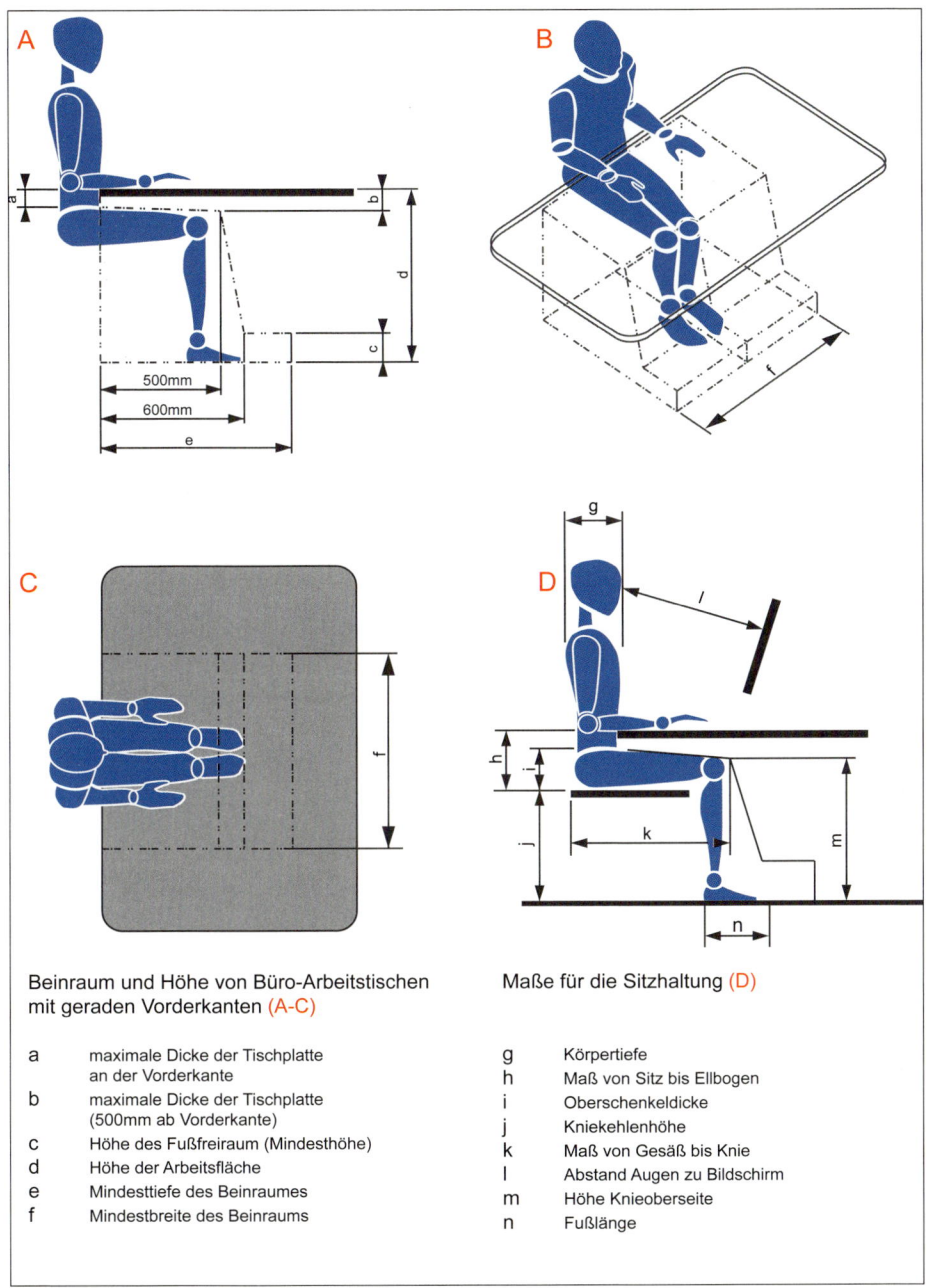

Beinraum und Höhe von Büro-Arbeitstischen
mit geraden Vorderkanten (A-C)

a	maximale Dicke der Tischplatte an der Vorderkante
b	maximale Dicke der Tischplatte (500mm ab Vorderkante)
c	Höhe des Fußfreiraum (Mindesthöhe)
d	Höhe der Arbeitsfläche
e	Mindesttiefe des Beinraumes
f	Mindestbreite des Beinraums

Maße für die Sitzhaltung (D)

g	Körpertiefe
h	Maß von Sitz bis Ellbogen
i	Oberschenkeldicke
j	Kniekehlenhöhe
k	Maß von Gesäß bis Knie
l	Abstand Augen zu Bildschirm
m	Höhe Knieoberseite
n	Fußlänge

Abb. 1.6   Schematische Darstellung eines normgerechten Arbeitsplatzes

Jeder Einkäufer oder Facility Manager eines deutschen Unternehmens wird es peinlichst vermeiden, gegen diese Normen und die Vorgaben der Berufsgenossenschaft zu verstoßen. Schließlich müsste er sich im Fall des Falles wegen seines Fehltritts ja auch rechtfertigen.

In vorauseilendem Gehorsam wird deshalb in deutschen Unternehmen stur die DIN angewandt, obwohl der Arbeitgeber im Prinzip frei in seiner Entscheidung ist, welche Arbeitsmittel er seinen Mitarbeitern zur Verfügung stellt. Er muss dies nur unter sorgfältiger Abwägung des Für und Widers, der Gefährdung und des Nutzens für die Arbeitnehmer, gemeinsam mit dem Gesundheitsbeauftragten (z. B. dem Betriebsarzt), Sicherheitsingenieur, Betriebsrat oder sonstigen für das Wohl der Mitarbeiter verantwortlichen Gremien entscheiden. Die DIN stellt dabei lediglich eine Mindestanforderung dar.

Im Prinzip ist der Arbeitgeber also frei in seiner Entscheidung und kann auch beschließen, dass alle Mitarbeiter Sitzbälle erhalten oder Stühle ohne GS-Zeichen[3]. Dies wird natürlich kein Arbeitgeber tun, denn er haftet ja, wenn etwas passiert. Deshalb ist es für den Arbeitgeber der einfachste Weg, Büromöbel anzuschaffen, die der DIN entsprechen, auch wenn diese völlig veraltet ist und bereits wiederholt nachgewiesen wurde, dass ihre Anwendung mittel- bis langfristig zu vielfältigen gesundheitlichen Schäden führen kann.

Fortschrittlichere Unternehmen haben aber inzwischen erkannt, dass es sich nicht lohnt, bei der Gesundheit ihrer Mitarbeiter zu sparen und nur die Minimalanforderungen zu erfüllen. Arbeitnehmer, die krank werden, kosten das Zigfache gegenüber der Anschaffung einer menschengerechten Büroausstattung – durch Arztbesuche, Krankentage, Kuren, nicht verfügbares Know-how während ihrer Abwesenheit und vor allem durch den Leistungsverlust, der sich durch ständige Schmerzen einstellt. Ganz abgesehen von dem Verlust an Lebensqualität für den Mitarbeiter selbst.

Höhenverstellbare Schreibtische

In Skandinavien und teilweise auch in Deutschland stellen Unternehmen, die sich um die Gesundheit ihrer Mitarbeiter Gedanken machen, höhenverstellbare Schreibtische zur Verfügung. Dies ist gut gemeint. Die zugrunde liegende Idee ist, dass ständiges, konventionelles Sitzen schädlich ist und oft Rückenschmerzen verursacht und man deshalb zwischendurch

---

3   GS steht für Geprüfte Sicherheit und kennzeichnet ein Produkt, das den Anforderungen des Produktsicherheitsgesetzes in Deutschland entspricht.

auch im Stehen arbeiten können soll. Sowohl im Sitzen als auch im Stehen werden dann aber vorwiegend statische Positionen eingenommen. Ein ständiger Wechsel zwischen Sitzen und Stehen ist mit diesen Tischen nicht praktikabel und wird auch von kaum jemandem durchgeführt.

Das Ergebnis ist dann, dass zwei meist statische Positionen eingenommen werden. Das ist besser als nur zu sitzen, hilft aber nicht gegen das Problem der Bewegungsarmut im Büro. Außerdem hat die Praxis gezeigt, dass die Schreibtische meist entweder tief oder hoch eingestellt sind. Ein Wechsel findet entweder gar nicht oder nur äußerst selten statt. Wir haben mit höhenverstellbaren Schreibtischen die Erfahrung gemacht, dass nur sehr wenige, äußerst disziplinierte Menschen die Höhenverstellung der Tische tatsächlich regelmäßig nutzen, um von der Sitz- in die Stehposition zu wechseln. Um einen signifikanten gesundheitlichen Nutzen zu erzielen, reicht das Verstellen der Schreibtischhöhe mehrmals pro Tag auch nicht aus. Dazu muss sich der Mensch deutlich mehr bewegen.

1.2. Was passiert mit unserem Körper bei konventioneller Büroarbeit?

Die Zunahme der gesundheitlichen Schäden, die auf die nicht „artgerechte Haltung" des Menschen im Büro zurückgehen, zeigt sich in den jährlichen Statistiken der Krankenkassen. Immer mehr Menschen leiden an Zivilisationskrankheiten, die durch ständiges starres Sitzen hervorgerufen werden. Wo sind eigentlich die „Menschenschutz-Gruppen", die mit ihren Plakaten vor unseren Bürohäusern gegen diese Quälerei protestieren?

Auch die von den Rückenschulen, Orthopäden und anderen Ärzten empfohlenen, gut gemeinten Ausgleichsübungen haben nur einen begrenzten Nutzen und werden nur vereinzelt durchgeführt. Man versucht damit den Schaden wiedergutzumachen, den man seinem Körper vorher durch stundenlanges Verharren in der gleichen Arbeitshaltung zugefügt hat.

Man versucht die Symptome zu lindern, statt die Ursache zu beseitigen.

Aber manche Schäden, das werden wir später sehen, lassen sich im Nachhinein nicht mehr reparieren.

Im Einzelnen passiert Folgendes mit und in Ihrem Körper:

Skelett

Die Knochen des Körpers sind, vor allem in jungen Jahren, extrem beweglich (eine Biegung bis zu 30 Grad ist möglich). Sie bestehen vorwiegend aus Wasser. Durch die Bewegung entstehen Flüssigkeitsverschiebungen und ein Flüssigkeitsaustausch. Der Knochen wird unter anderem auch über Druck und Entlastung versorgt. Die Knochenbälkchen (Abb. 1.7) formen sich entsprechend der aufgebrachten Druck- und Zugbelastung. Ohne Belastung reagiert der Knochen mit Demineralisierung. Die Folge ist Osteoporose. Das beste Gegenmittel gegen Osteoporose ist also Belastung in Form von Bewegung. Auch bei der Arbeit im Büro muss deshalb das Skelett be- und entlastet werden.[4]

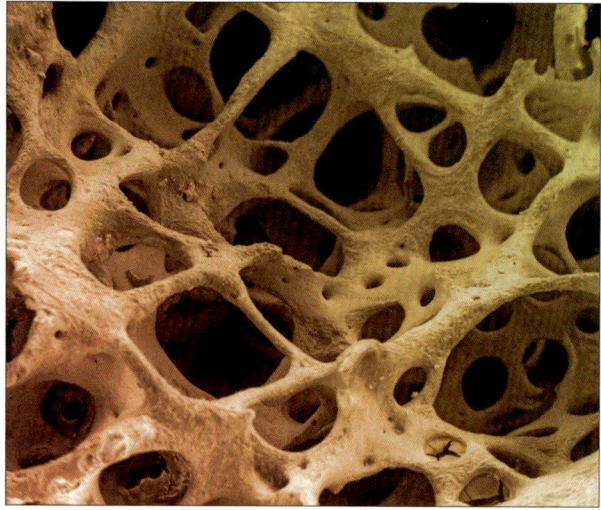

Abb. 1.7   Knochenbälkchen – die innere Struktur eines Knochens

Gelenke

Jedes Gelenk, das über eine längere Zeitspanne nicht bewegt wird, degeneriert. Generell müssen alle (großen und kleinen) Gelenke möglichst frei bewegt werden können. Auch während des Sitzens muss dies möglich sein. Nur dann wird ausreichend Gelenkschmiere gebildet, die

---

4   Gerade im Alter tendiert man dazu, sich weniger zu bewegen. Das Skelett wird weniger belastet und die Knochendichte nimmt ab (Osteoporose). Schon relativ geringe Bewegungsanreize genügen jedoch, um diesen Prozess zu entschleunigen, wie eine Studie aus Finnland zeigt: Die Frauen, die regelmäßig einen Schaukelstuhl nutzten, wiesen eine höhere Knochendichte auf als diejenigen, die das nicht taten (Niemelä et al. 2011). Offensichtlich reichte die geringe, aber regelmäßige Gewichtsverlagerung beim Schaukeln und die damit einhergehende Belastung des Skeletts dafür aus, die Demineralisierung der Knochen zu reduzieren.

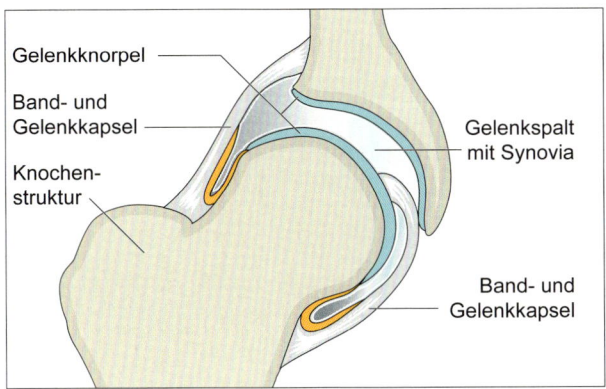

Gelenkknorpel

Band- und
Gelenkkapsel

Knochen-
struktur

Gelenkspalt
mit Synovia

Band- und
Gelenkkapsel

Abb. 1.8   Die Synovia (Gelenkschmiere, Gelenkflüssigkeit) zwischen
den Gelenkflächen ermöglicht ein
nahezu reibungsloses Gleiten der
Gelenkflächen, ernährt und schützt
diese. Die Bildung von Synovia
wird durch Bewegung angeregt

sogenannte Synovia[5] (Abb. 1.8), die durch Belastung des Gelenks in den Knorpel gepresst wird und auf diese Weise für seine Ernährung sorgt. Dadurch wird degenerativen Veränderungen der Gelenke (Arthrose) vorgebeugt.

Muskulatur

Durch das Beibehalten einer bestimmten Körperhaltung über einen längeren Zeitraum muss die Muskulatur statische Haltearbeit leisten, wofür sie von der Natur nicht geschaffen wurde. Die Folge sind Verspannungen. Ein Muskel, der verspannt ist, bekommt im Vergleich zu einem bewegten, gut durchbluteten Muskel nur 10 % des Sauerstoffs und verursacht Schmerzen (Abb. 1.9).

Muskeln müssen aktiv benutzt werden, sonst degenerieren sie. Bekanntestes Beispiel für den Muskelabbau bei mangelnder Bewegung ist ein eingegipster Körperteil. Schon nach kurzer Zeit hat sich der Muskeldurchmesser reduziert, und der Gips sitzt locker. Es muss nachgegipst werden. Der gleiche Effekt tritt auf bei der Ruhigstellung des Rückens durch eine Rückenlehne. Rücken- und Bauchmuskulatur werden abgebaut.

Die Natur ist gnadenlos effizient: Alles was nicht benutzt, also auch nicht benötigt wird, wird abgebaut. Dieses Effizienzprinzip zieht sich durch alle Bereiche unseres Körpers und gilt für die Muskulatur und das Gehirn genauso wie für die Festigkeit der Knochen (Knochendichte),

---

5   Die Synovia (Gelenkflüssigkeit) befindet sich in den Gelenken und stellt als Gelenkschmiere ihre Beweglichkeit sicher. Ihr kommt außerdem eine wichtige Funktion bei der Ernährung und dem Abtransport von Abbauprodukten des Gelenkknorpels zu. Gemeinsam mit dem Knorpel wirkt die Synovia bei Bewegungen als Stoßdämpfer.

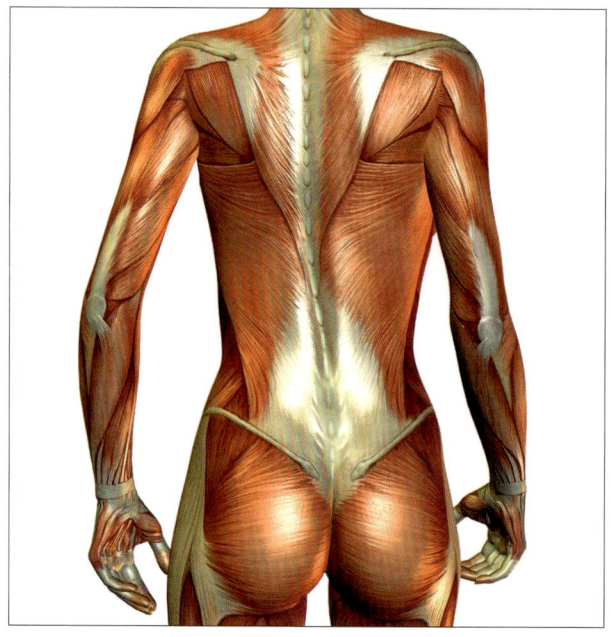

Abb. 1.9 Durch statisches Sitzen wird die Muskulatur geschwächt. Bei geschwächter Bauch- und Rückenmuskulatur treten Verspannungen eher auf als bei gut trainierter. Ein Großteil der gängigen Rückenbeschwerden ist auf verspannte Muskulatur zurückzuführen. In einem Pilotprojekt mit 100 Probanden mit Rückenschmerzen konnte gezeigt werden, dass nach sechsmonatigem Training der Bauch- und Rückenmuskulatur 80 Probanden schmerzfrei waren

die Belastbarkeit der Sehnen und Faszien, die Produktion von Hormonen, Enzymen und Neurotransmittern. Unser ganzer Körper funktioniert nach dem Prinzip: „Use it or lose it!"

Faszien

Faszien sind die Weichteilkomponenten des Bindegewebes. Sie bilden ein körperweites Netzwerk, das die Struktur unseres Körpers aufrechterhält. So sind z. B. unsere inneren Organe von faszialen Strukturen gehalten und die Muskulatur von Faszien umschlossen, die dann in Sehnen und Bänder übergehen. Faszien müssen aneinander gleiten können. Durch mangelnde Bewegung wird die in den Faszien eingelagerte Flüssigkeit zuerst gelartig, später kommt es zu Fibringerinnung[6] und damit zu Verklebungen. Diese behindern die Bewegung und verursachen Schmerzen, denn Faszien besitzen viele Nozizeptoren[7], die für die Schmerzübertragung verantwortlich sind.

---

6   Unter Fibringerinnung ist die Umsetzung von Fibrinogen, einem Blutgerinnungsfaktor, zu Fibrin zu verstehen. Dieser Mechanismus dient ebenfalls dem Wundverschluss.

7   Die meisten Nozizeptoren (freie sensorische Nervenendungen) befinden sich in den Bänderstrukturen.

Durch Lösen der Verklebungen (einer sehr schmerzhaften Prozedur, z. B. durch eine osteopathische Behandlung nach Typaldos) können Faszien wieder mobilisiert werden. Osteopathen beschäftigen sich zu einem großen Teil mit der Wiederherstellung einer guten Funktion der Faszien.

Zwerchfell

Das Zwerchfell ist eine Muskel-Sehnen-Platte der Säugetiere, welche die Brust- und die Bauchhöhle voneinander trennt. Es hat eine kuppelförmige Gestalt und ist der wichtigste Atemmuskel. Etwa zwei Drittel des Luftvolumens wird durch die Bewegung des Zwerchfells in die Lungen transportiert. Man bezeichnet dies als Bauchatmung (Abb. 1.10).

Um den Unterdruck im Brustraum und den Überdruck im Bauchraum zu regulieren, benötigt das Zwerchfell ein größtmögliches Bewegungsausmaß. Dies wird durch Bewegung gewährleistet, durch die sich die Druckverhältnisse ständig verändern.

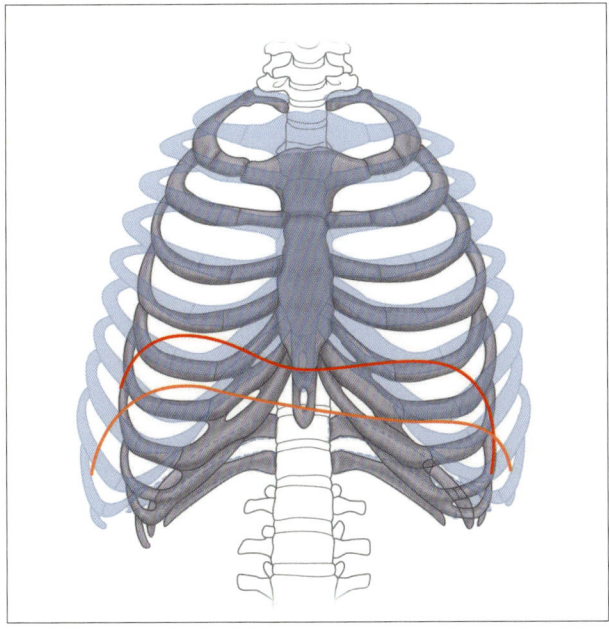

Abb. 1.10 Brustkorbansicht von vorne. Zwerchfellstand und Rippenstellung in Abhängigkeit von der Atemlage. Die rote Linie bezeichnet die Lage des Zwerchfells bei tiefer Ausatmung, die orangene Linie bei tiefer Einatmung. Das Zwerchfell verlagert sich dabei um 4 bis 6 cm nach oben und unten

Wird die Bewegungsfreiheit des Zwerchfells eingeschränkt, z. B. durch vorgebeugtes Sitzen bei der Arbeit, behindert dies die Bauchatmung. Die Folge ist eine verminderte Sauerstoffversorgung des Körpers und eine geringere Sauerstoffsättigung des Blutes. Dies hat besondere Auswirkungen auf unser Gehirn, das etwa ein Viertel des Sauerstoffs des gesamten Körpers benötigt. Fällt die Sauerstoffsättigung im Blut ab, so sind unsere kognitiven Leistungen beeinträchtigt.

Gefäße

Zwei weit verbreitete Gefäßerkrankungen werden durch ausgedehntes Sitzen begünstigt oder sogar hervorgerufen: Venenprobleme in den Waden (Krampfadern) und Hämorrhoiden. Durch den Druck der Vorderkante des Stuhls auf die Unterseite der Oberschenkel wird der Rückfluss venösen Blutes aus den Beinen behindert, manchmal sogar unterbrochen. Die abgeklemmten Gefäße reagieren mit Stauungen in den Waden und im Beckenboden. Verstärkt wird dieses Problem noch durch die übliche vorgeneigte Sitzhaltung.

Nachdem unser Blutkreislauf nicht nach dem Prinzip der kommunizierenden Gefäße funktioniert, hat die Natur für den Rücktransport von venösem Blut aus den Beinen zum Herzen ein eigenes System entwickelt, die Beinmuskelpumpe, auch Venen- oder Wadenpumpe genannt (Abb. 1.11).

Lässt die Spannung des Muskels nach, vergrößert sich der Querschnitt der Vene, es entstehen ein Unterdruck und eine Sogwirkung. Die oberen Venenklappen schließen sich und die unteren öffnen sich (Abb. 1.11). Blut aus tieferen Regionen wird angesaugt und bei der nächsten

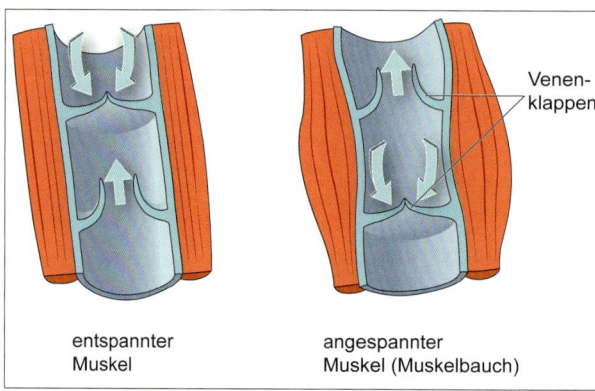

entspannter Muskel   angespannter Muskel (Muskelbauch)

Venenklappen

Abb. 1.11   Funktion der Beinmuskelpumpe: Bei Anspannung der Wadenmuskulatur, z. B. beim Gehen, Laufen oder dem Stehen auf den Zehenspitzen, nimmt der Muskelquerschnitt zu. Dadurch werden die zwischen den Muskeln verlaufenden Beinvenen des tiefen Systems zusammengedrückt und das Blut zum Herzen gepresst. In dem Bild sieht man, wie sich durch den Druck der Muskelfasern die obere Venenklappe öffnet und Blut in Richtung Herz strömt, während sich gleichzeitig die untere Venenklappe schließt und verhindert, dass das Blut wieder zurückfließen kann

Muskelkontraktion wieder zum Herzen gepumpt. Dieser Mechanismus funktioniert bei exzessivem Sitzen nur eingeschränkt, da die Wadenmuskulatur dann kaum betätigt wird.

Die Folge sind dicke Beine und die oben beschriebenen Stauungen in den venösen Gefäßen. Menschen mit kurzen Beinen sind davon besonders oft betroffen.

In Bezug auf unsere Gefäße kommt der Hämodynamik[8] eine besondere Bedeutung zu. Sie ist essenziell wichtig für das Überleben der Gefäße. Wenn die hämodynamischen Reize wegfallen oder auch nur der laminare Blutstrom unstetig wird, so reagiert das Endothel des betroffenen Gefäßes mit einer nekrotischen Veränderung aufgrund der Minderversorgung. Glücklicherweise setzt dieser Prozess nicht unmittelbar, sondern erst nach einem gewissen Andauern des gestörten Zustandes ein. Damit die Hämodynamik nicht gestört ist, muss die Flexibilität der Gefäße zu ihrer Umgebung gewährleistet sein.

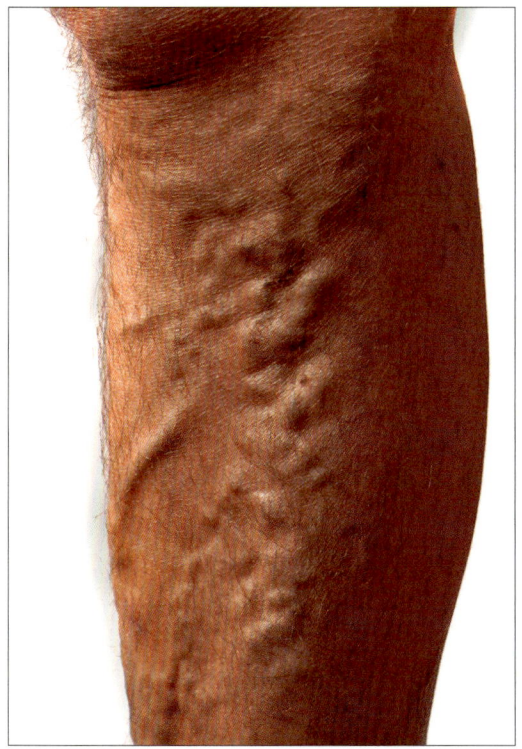

Abb. 1.12   Oberflächliche Venen können sich in Krampfadern umwandeln. Der Rücktransport des Blutes zum Herz erfolgt jedoch zum größten Teil über die Venen des tiefen Systems (tiefe Venen)

---

8   Hämodynamik beschreibt die Bewegung des Blutes im Gefäßsystem. Für die Strömungsdynamik sind verschiedene Parameter entscheidend, unter anderem die Geometrie des Gefäßes, die Elastizität, das Blutvolumen und seine Zusammensetzung.

Mikrozirkulation

Unsere Gefäße gewährleisten, dass die entferntesten Bereiche des Körpers mit Nährstoffen versorgt und Stoffwechselabfallprodukte abtransportiert werden. Der in den kleinsten Verästelungen der Gefäße stattfindende Stoffaustausch wird als Mikrozirkulation[9] bezeichnet (Abb. 1.13).

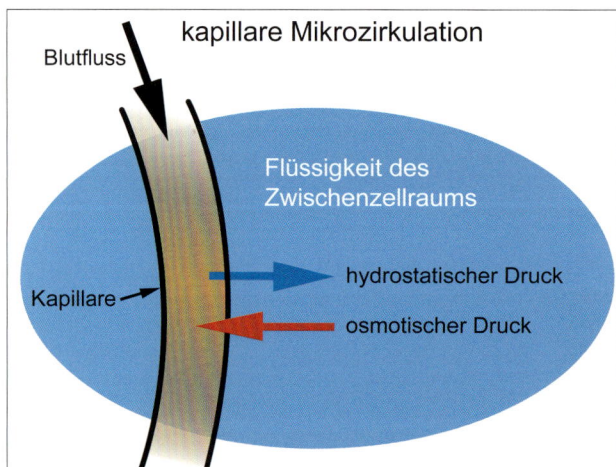

Abb. 1.13   Ohne eine gut funktionierende Mikrozirkulation kann unser Immunsystem nicht an entfernte Entzündungsherde gelangen, Antigene auffinden und seine lebenswichtigen Aufgaben erfüllen. Eine intakte Mikrozirkulation ist damit ein elementarer Bestandteil für einen gesunden Körper. Sie findet über osmotischen Druckausgleich in den Kapillaren statt und wird vor allem durch Bewegung gefördert

Das Verharren in ein- und derselben Position über Stunden ist für die Mikrozirkulation besonders abträglich. Zug und Druck, ausgelöst durch Bewegung, fördern die Mikrozirkulation. Dafür sind keine körperlichen Höchstleistungen erforderlich. Schon leichte, aber kontinuierliche Bewegung reicht aus.

Bindegewebe

Der feste Teil unseres Körpers besteht zum größten Teil aus Bindegewebe. Es hält und versorgt alle unsere Organe: Durch den osmotischen Druckunterschied in den Kapillaren gegenüber dem sie umgebenden Interstitium[10], in dem sich die Zwischenzellflüssigkeit befindet, treten aus den Kapillaren die im Blut gelösten Gase, Mineralien, Spurenelemente, Substrat-,

---

9   Mikrozirkulation bezeichnet die Durchblutung und den Stoffaustausch in den kleinsten Verästelungen der Gefäße wie Kapillaren, Arteriolen, Venolen.

10   Als Interstitium, auch Stroma oder Zellzwischenraum, bezeichnet man das Organe durchziehende und untergliedernde Zwischengewebe. Darin verlaufen die Versorgungsbahnen (Blutgefäße, Nerven) des Organs.

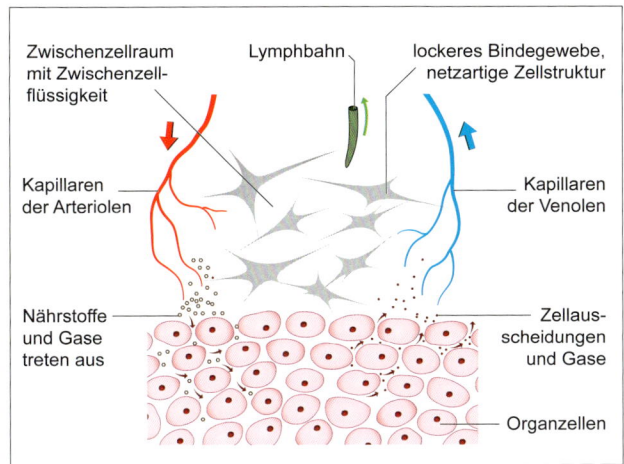

Abb. 1.14 Schema der Versorgung der Organzellen mit Nährstoffen und Abtransport der Zellausscheidungen über das Bindegewebe: Die Kapillaren der Arteriolen enden in der Zwischenzellflüssigkeit des lockeren Bindegewebes. Aus den Kapillaren treten Nährstoffe und Gase aus, die über die Zwischenzellflüssigkeit zu den Organzellen sickern. Der Abtransport erfolgt, indem die Zellausscheidungen und Gase in die Zwischenzellflüssigkeit abgegeben werden und von dort in die Kapillaren der Venolen und die Lymphkapillaren gelangen

Informations- und Abwehrmoleküle in das Bindegewebe aus, in dem die Versorgungsbahnen der Organe verlaufen. Von dort infiltrieren sie die Organe und versorgen diese. Der Abtransport von Stoffwechselendprodukten erfolgt auf die gleiche Art und Weise (Abb. 1.14).

Wird ein Organ durch das Bindegewebe nicht mehr ausreichend mit Nährstoffen versorgt oder werden Stoffwechselendprodukte nicht abtransportiert, erkrankt das Organ. So geht der Erkrankung eines Organs regelmäßig eine schlechte Ver- oder Entsorgung voraus.

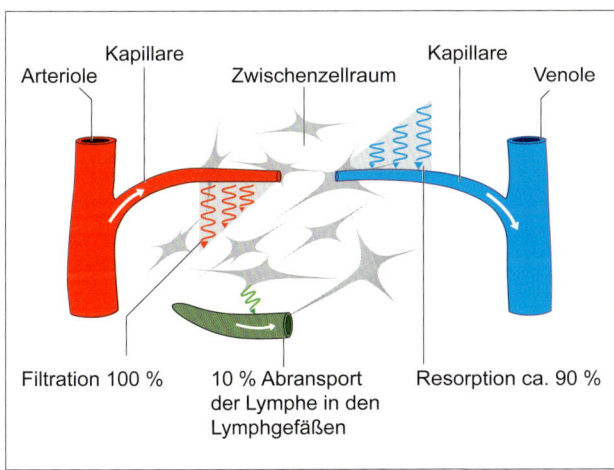

Abb. 1.15 Organisation der Mikrozirkulation: Neben den Kapillaren der Arteriolen und der Venolen sind noch die Lymphkapillaren an der Mikrozirkulation beteiligt. Sie nehmen Flüssigkeit, Makromoleküle und Zellen durch Spalten zwischen den Endothelzellen der Lymphkapillaren aus dem Interstitium auf

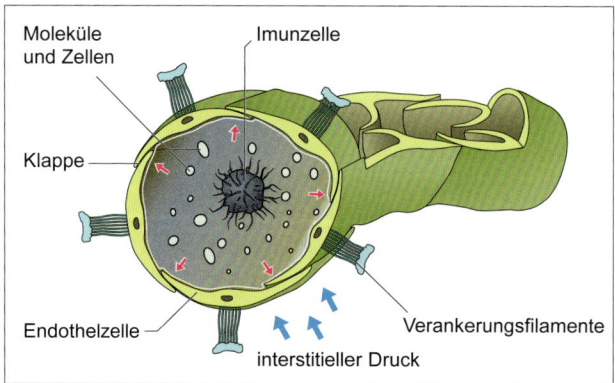

Abb. 1.16   Verankerungsfilamente stellen sicher, dass die Flüssigkeit im Lymphkompartiment verbleibt und von hier weitertransportiert werden kann

Lymphsystem

Das Lymphsystem nimmt die Flüssigkeit, die nicht in die Gefäße zurückresorbiert wird, aus dem Zwischenzellraum auf (Abb. 1.15, Abb. 1.16). Dabei handelt es sich vor allem um Proteine, die dann über die Lymphkapillaren in den Blutkreislauf zurückgeleitet werden. Das Lymphsystem gehört zu unserem Immunsystem. Es schützt uns gegen Krankheitserreger, Fremdpartikel und

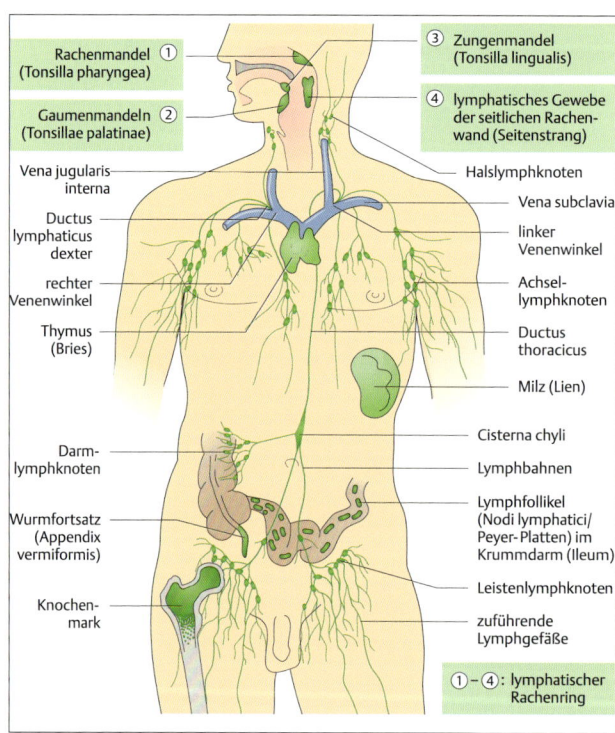

Abb. 1.17   Das Lymphgefäßsystem des Menschen mit den lymphatischen Organen und Sammellymphknoten

krankhaft veränderte Körperbestandteile wie Tumorzellen. Neben den Lymphbahnen besteht es noch aus den lymphatischen Organen: Milz, Thymus, Rachen-, Gaumen- und Zungenmandeln, den Lymphfollikeln im Dickdarm und zahlreichen Lymphknoten (Abb. 1.17).

Durch exzessives Sitzen und Mangel an Bewegung kann es zu Stauungen im lymphatischen System kommen, die sich oft durch Schwellungen in den Beinen bemerkbar machen.

Innere Organe

Wenn unsere inneren Organe einwandfrei arbeiten sollen, muss ihre freie Mobilität zu den angrenzenden Strukturen gegeben sein. Nur dann können sie ihre Funktion bestmöglich erfüllen, wie beispielhaft an der Leber und den Nieren aufgezeigt.

Die *Leber* benötigt Freiraum. Sie ist ein Blutschwamm, der seine Aufgabe nur dann richtig erfüllen kann, wenn er durch Druck und Zug bewegt wird. In eingeengtem Zustand, etwa durch vorgebeugtes Sitzen bei der Büroarbeit, findet dies nur unzureichend statt.

Unsere beiden *Nieren* gleiten auf faszialen Strukturen des Lendenmuskels (Abb. 1.18). Immer wenn sich dieser bewegt, bewegen sich auch die Nieren. Durch diese Mobilität wird ihre Filterfunktion verbessert.

Beim Sitzen ist der Lendenmuskel (M. psoas major) in einer verkürzten Position ruhiggestellt. Man bezeichnet ihn auch als den Hüftbeuger. Bei seiner Kontraktion wird der Oberschenkel hochgezogen. Beim Gehen und Laufen ist er ständig in Aktion. Nur nicht beim Sitzen.[11]

Der Bewegungsspielraum der Niere zwischen den Strängen des Lenden-Darmbein-Muskels (M. iliopsoas) und dem Zwerchfell beträgt bis zu 15 cm. Bewegt sie sich in diesem Spielraum, so wird sie ihre Filterarbeit gut verrichten. Bei konventionellem, starrem Sitzen ist dies jedoch nicht der Fall.

Auch alle übrigen inneren Organe benötigen für ihre Funktion ausreichend Freiraum und Mobilität zu den angrenzenden Strukturen, damit ihr Gewebe gut ver- und entsorgt ist. Dies ist dann

---

11   Durch exzessives Sitzen verweilt der Lenden-Darmbein-Muskel (M. iliopsoas) über längere Zeiträume in einer verkürzten Stellung. Steht man nun auf, wodurch er gedehnt wird, setzt er dieser Dehnung Widerstand entgegen. Er zieht durch die Streckung die Lendenwirbelsäule nach vorne. Dies sind die typischen Schmerzen die man beim Aufstehen im „Kreuz" verspürt, z. B. nach längerem Sitzen auf einer bequemen Couch oder auch einem konventionellen Bürostuhl.

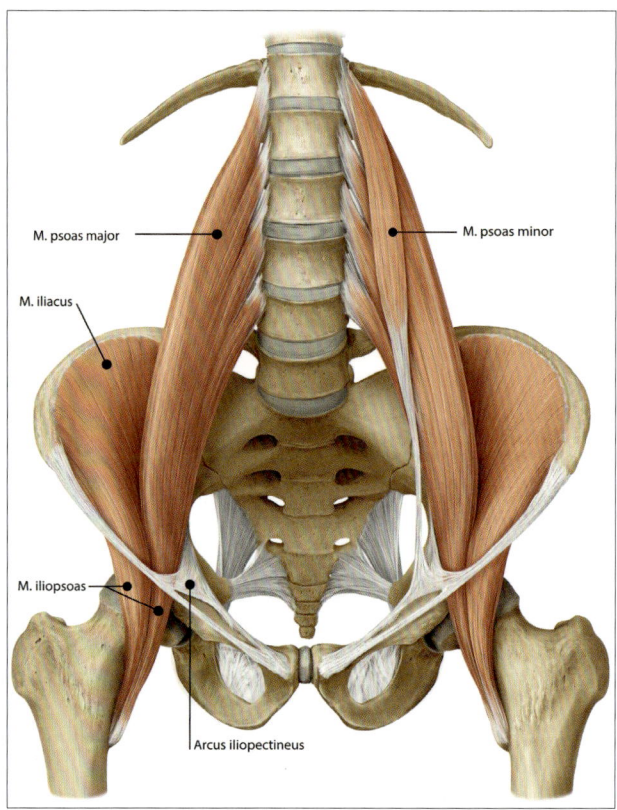

Abb. 1.18   Der große Lendenmuskel (M. psoas major) und Darmbeinmuskel (M. iliacus) vereinigen sich auf Höhe des Leistenbandes zum Lenden-Darmbein-Muskel (M. iliopsoas). In etwa der Hälfte der Fälle – wie hier dargestellt – findet man beim Menschen einen kleinen Lendenmuskel (M. psoas minor), der vom 12. Brust- und 1. Lendenwirbel entspringt und mit seiner Ansatzsehne in den Arcus iliopectineus

gegeben, wenn Bewegung stattfindet, denn diese bewirkt Be- und Entlastung bzw. Druck- und Zugkräfte, die die Mikrozirkulation fördern oder sogar erst in Gang setzen.

Durch die Statik des konventionellen Sitzens und einen Mangel an Bewegung sind die inneren Organe in ihrer Arbeit behindert.

Stoffwechsel

Der Stoffwechsel oder Metabolismus ist die Gesamtheit der Prozesse in einem Organismus, die zur chemischen Umwandlung von Stoffen führen – beginnend mit der Aufnahme und dem Transport über ihre chemischen Umsetzung bis hin zur Abgabe von Stoffwechselendprodukten.

Er bezeichnet die Fähigkeit des Menschen, über Nahrung und eingeatmete Luft in den vielen Billionen Körperzellen Leben zu erhalten.

Der gesamte Stoffwechsel ist ein komplexes Netzwerk von einzelnen biochemischen Reaktionen, die in Millivolt messbar sind. Durch die Fähigkeit des Blutes zum Transport der Nährstoffe und zum Abtransport der Schadstoffe wird unser Leben erst möglich. Einer der zentralen Prozesse des menschlichen Stoffwechsels ist dabei die Energiegewinnung aus Glukose und Fett.

Glukose, ein wichtiger Kohlenhydratbaustein, dient als schneller Energielieferant für unsere Zellen. Glukose kann aber nur begrenzt in Form von Glukoseketten, vor allem in der Leber und der Muskulatur, als Glykogen gespeichert werden. Als Langzeitenergiespeicher, zur Überbrückung von Hungerperioden, dienen aber die Fettreserven im Körper. Übersteigt die Zufuhr an Kohlenhydraten und damit von Glukose den Bedarf unseres Körpers, können die Glukosespeicher in unseren Zellen keine Glukose mehr aufnehmen. Die Leber wandelt die überschüssige Glukose in Fett um. Ein Mensch der sich vorwiegend sitzend am Schreibtisch aufhält, braucht nur Glukose für sein Gehirn, nicht aber für seine Muskelzellen. Wenn nun trotzdem (vor allem schnelle) Kohlenhydrate zugeführt werden, können die vollen Glukosespeicher diese nicht mehr aufnehmen – mit der Folge, dass sich der Büromensch Fettpölsterchen anlegt (s. Kap. 6.1.).

So wichtig die Anlage von Fettreserven in früheren Zeiten für das Überleben in Perioden mit geringem Nahrungsangebot war, so wenig benötigt es der in industrialisierten Ländern lebende Mensch heute. Meist ist das Nahrungsmittelangebot übermäßig reichlich und der Aufwand, Nahrungsmittel zu besorgen, gering. Ging man früher zur Jagd und baute dabei Fettreserven ab (Abb. 1.19), so geht man heute in den Supermarkt oder auch nur zum Kühlschrank, ohne

Abb. 1.19　Versorgung mit Lebensmitteln früher

Abb. 1.20   Versorgung mit Lebensmitteln heute

sich großartig anzustrengen (Abb. 1.20). Da ist es nicht verwunderlich, dass der Anteil an Körperfett bei vielen Büroarbeitern ständig ansteigt.

Deshalb muss für Büroarbeiter gelten: Vermeiden Sie den Konsum von Kohlenhydraten, zumindest von denjenigen, die schnell ins Blut übergehen, und bewegen Sie sich ausreichend.

Aber auch alle anderen Funktionen unseres Stoffwechsels werden durch Bewegung günstig beeinflusst, denn Bewegung fördert ganz allgemein den Ablauf der biochemischen Reaktionen in unserem Körper. Dr. Andrew Taylor Still, der Begründer der Osteopathie, sagte sinngemäß: „Leben zeigt sich in Form von Bewegung. Wo Bewegung verhindert wird, macht sich Krankheit breit. Das gilt nicht nur für den ganzen Körper, sondern auch für jede einzelne Zelle."

Er entwickelte vier Grundregeln für die Osteopathie. Eine davon heißt: „Alle Körpersäfte müssen uneingeschränkt fließen können." Wir müssen also in erster Linie dafür sorgen, dass Bewegung bis in die einzelnen Zellen gewährleistet ist. Dies können wir erreichen, indem wir Makrobewegungen durchführen und damit die Mikrozirkulation und den Stoffwechsel fördern. Für eine gute Funktion des Stoffwechsels ist also regelmäßige Bewegung, die über einen gelegentlichen Gang zum Kühlschrank hinausgeht, unerlässlich.

Gleichgewichtssinn (vestibuläres System)

Ein entscheidender Schritt in der Evolution des Menschen war der Wechsel von der Fortbewegung auf vier Beinen zum aufrechten Gang. Dies war nur möglich, indem sich das Gehirn und vestibuläre System, unser Gleichgewichtssinn im Innenohr (Abb. 1.21), gleichzeitig entwickelten; sie sind immer noch eng miteinander verbunden. So haben z. B. Kinder, die von zusätzlichen Bewegungsangeboten profitieren, bessere Noten in der Schule (s. S. 47). Ein Training des vestibulären Systems erhöht die kognitiven Leistungen. Dies gilt auch für die Arbeit im Büro.

Unsere konventionelle Büroumgebung bietet allerdings keine Anreize für die Aktivierung unseres vestibulären Systems. Ganz im Gegenteil, sie vermeidet und behindert Bewegung und damit seine Aktivität. Fähigkeiten wie das Halten des Gleichgewichts, eine gute Reaktion auf eine unerwartete Gefahrensituation, das Vermeiden von Stürzen etc. verkümmern deshalb beim Büroarbeiter.

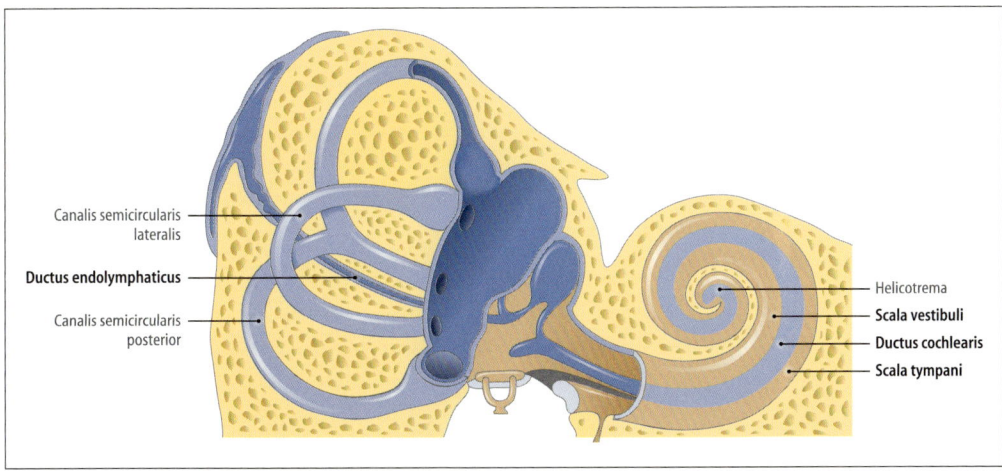

Abb. 1.21 Schematische Darstellung des vestibulären Systems

Tiefensensibilität (Propriozeption)

Über unsere fünf Sinne, aber vor allem über die Augen, erhalten wir ständig Informationen über die Haltung unseres Körpers und darüber, wie wir Bewegungen ausführen sollen. Doch auch mit geschlossenen Augen wissen wir, welcher Körperteil sich wo im Raum befindet und auf welche Art und Weise er sich wohin bewegt. Dafür sind die sogenannten Propriozeptoren[12] zuständig, die laufend Informationen über die Stellung der Körperteile im Raum an das Gehirn melden. Diese Sensoren befinden sich überall im Körper, besonders viele in den Muskeln, Bändern, Faszien und Gelenkkapseln.

Ohne sie ist eine kontrollierte Bewegung nicht möglich, denn schon vor Beginn einer Bewegung muss das Gehirn darüber Bescheid wissen, in welcher Stellung sich das Gelenk befindet und welchen Tonus die Muskulatur aufweist, um die Bewegung mit der richtigen Intensität und Richtung steuern zu können. Zur Vermeidung von Stürzen und Unfällen ist die gute Funktion der Propriozeption unerlässlich.

Wie jede Fähigkeit des Körpers, die nicht genutzt wird, verkümmert auch die Funktion der Propriozeption und damit die Eigenwahrnehmung beim Büroarbeiter. Stürze und Verletzungen sind vorprogrammiert.

Allgemeine Sensorik

Das Gleiche gilt auch für alle übrigen Sensoren (Rezeptoren) des menschlichen Körpers, die Informationen aufnehmen, diese in elektrische Erregung umwandeln und an das Zentralnervensystem zur Verarbeitung weiterleiten. In der Neurologie sagt man: „Keine Motorik ohne Sensorik". So muss bei der Büroarbeit sowohl einseitiger sensorischer Stress vermieden bzw. nach Möglichkeit minimiert werden, da sich sonst Empfindlichkeitsveränderungen oder sogar Schäden einstellen können, als auch sensorische Unterforderung, die zu Monotonie und geistiger Erschlaffung führt.

---

12   Zu den Propriozeptoren gehören in den Muskeln die Muskelspindeln und Golgi-Sehnenorgane sowie in den Gelenken die Ruffini- und Vater-Pacini-Körperchen, die Informationen über die Muskelspannung, -länge, Gelenkstellung und Bewegung an das Gehirn weiterleiten. Dieser Vorgang erfolgt unbewusst.

Stressbewältigung

Auf eine Stresssituation reagiert der Mensch mit der plötzlichen Ausschüttung von Adrenalin und Noradrenalin aus den Nebennieren in den Blutkreislauf. Diese Hormone sorgen für eine schnelle Bereitstellung von Brennstoffen wie Glukose und Fettsäuren. Blutdruck und Herzfrequenz steigen an, es kommt zu einer Verengung bestimmter Gefäßgebiete (Vasokonstriktion). Beide Hormone aktivieren den Sympathikus. Die natürliche Reaktion darauf ist entweder Kampf oder Flucht – aber auf jeden Fall Bewegung! Durch diese wird der Adrenalinspiegel wieder abgebaut.

Kann der hohe Adrenalinspiegel jedoch nicht durch Bewegung abgebaut werden, da der konventionelle Büroarbeiter an seinen Schreibtischstuhl gefesselt ist, kann das Bluthochdruck und in der Folge eine Arteriosklerose begünstigen. Im Büro muss also so viel Bewegungsmöglichkeit gegeben sein, dass ein hoher Adrenalinspiegel, der sich von Fall zu Fall nicht vermeiden lässt, auch wieder abgebaut werden kann.

Aufmerksamkeit/Ermüdung

Der Mensch braucht Abwechslung, um nicht zu ermüden und seine Aufmerksamkeit hoch halten zu können. Dies gilt sowohl für den Geist als auch für den Körper. Je bequemer ein Bürostuhl ist, je bewegungsärmer sich jemand verhält, desto früher ermüdet er, desto mehr steigt seine Fehlerquote (Aufmerksamkeitsdefizit) und desto geringer ist seine Leistungsfähigkeit. Der Grund dafür liegt in den oben angeführten negativen Auswirkungen auf unseren Stoffwechsel. Kurz gesagt:

- Geistige Ermüdung kann man dadurch vermeiden, dass man sich mit immer wieder neuen Herausforderungen beschäftigt, Gleichförmigkeit und Eintönigkeit vermeidet.
- Körperliche Ermüdung kann man dadurch vermeiden, dass man sich leicht bewegt, denn das Verharren in einer Position wie beim bewegungsarmen Sitzen ermüdet. Kein Wunder, es liegt nicht in unserer Natur!

Beide Ebenen, die geistige und körperliche, müssen gleichermaßen aktiviert werden, sonst überlagert eine die andere, und wir werden trotzdem müde und unaufmerksam.

Verletzungsprävention

Wer nach einem langen, bewegungsarm verbrachten Büroarbeitstag oder nach einer langen Fahrt im Auto noch schnell eine Stunde auf den Tennisplatz geht, hat ein wesentlich höheres Verletzungsrisiko als jemand, der sich während des Tages vorwiegend leicht bewegt und damit seine Muskulatur, Propriozeption, Faszien, Sehnen und Bänder stetig angesprochen hat.

Je flexibler und dynamischer Strukturen arbeiten, desto besser funktioniert das neuromotorische System. Abwechslungsreiche Bewegung während des Tages reduziert das allgemeine Verletzungsrisiko deutlich – nicht nur beim Feierabend- oder Ausgleichssport, sondern auch während des Tages, wenn schon während der Arbeitszeit die propriozeptiven Fähigkeiten des Benutzers trainiert werden.

Deshalb die Forderung: Das neuromotorische System muss möglichst störungsfrei, schnell und ohne Einschränkungen arbeiten können – auch im Büro!

Alterungsprozess

Büroarbeit macht alt. Warum? Wir haben oben gesehen, dass sie die Mikrozirkulation behindert. Eine intakte Mikrozirkulation hingegen verhindert das Absterben von Gewebe, verursacht durch Sauerstoff- oder Nährstoffmangel, und versorgt unsere Organe über die Zwischenzellflüssigkeit. Dadurch wird der Alterungsprozess verzögert.

Man schätzt, dass jede Sekunde im Körper etwa 4 Millionen Zellen neu gebildet werden. Es handelt sich dabei vor allem um Blut-, Darm- und Hautzellen. Die etwa 100 Billionen Zellen, aus denen unser Körper besteht, werden so ständig erneuert. Die Neubildung von Zellen wird durch Reibung und Druck aktiviert. Bewegung aktiviert also die Neubildung von Zellen. Deshalb sind wir der Überzeugung: Bewegung hält jung.

Ein anderes Beispiel: Woran erkennen Sie, ob jemand alt ist? An seinen grauen Haaren? An den Falten seiner Haut? Man kann schon mit 40 graue Haare besitzen und auch Falten. Dies sind eher vererbte Faktoren. Woran Sie aber mit Sicherheit erkennen, ob jemand biologisch jung geblieben ist, sind seine Bewegungen. Schleppt er sich mühsam dahin, mit kleinen Schritten, so ist er biologisch alt, auch wenn er erst 50 Jahre zählt. Springt er jedoch mit Elan die Treppen hoch und nimmt zwei Stufen auf einmal, so haben Sie den Eindruck, der Mensch ist jung, auch wenn er schon 70 ist.

Zum Abschluss eine Frage: Wann haben Sie das letzte Mal „Freude an ihrer eigenen Fitness" verspürt? Beim Sitzen im Büro auf einem konventionellen Bürostuhl? Gibt Ihnen das zu denken?

Fazit: Am Abend kommt der durchschnittliche Büroarbeiter total geschafft nach Hause. Er hat keine Energie mehr, etwas für seine Gesundheit zu unternehmen, und setzt sich erschlafft vor den Fernsehapparat. Dabei lässt sich schon viel erreichen, wenn man sich im Büro auch nur leicht bewegt, wie eine australische Studie mit 4.800 Probanden zeigt, in der die Blutwerte von typischen Büroarbeitern über einen längeren Zeitraum hinweg gemessen und miteinander verglichen wurden (Healy et al. 2008):

- Gruppe 1: Typische Büroarbeiter, die sich während des Tages im Büro nicht bewegt haben.
- Gruppe 2: Typische Büroarbeiter, die sich während des Tages im Büro nicht bewegt, aber abends zwei bis drei Mal pro Woche Sport betrieben haben.
- Gruppe 3: Typische Büroarbeiter, die sich während des Tages im Büro leicht bewegt, aber keinerlei Sport betrieben haben.

Die Auswertung ergab erwartungsgemäß, dass die Gruppe 1 die schlechtesten Blutwerte und die Gruppe 2 deutlich bessere Blutwerte als die Gruppe 1 aufwies. Überraschend war aber, dass die Blutwerte der Gruppe 2 und 3 gleich gut waren. Die leichte Bewegung während des Tages reichte bei Gruppe 3 bereits aus, die Qualität der Blutwerte auf das gleiche Niveau zu bringen wie bei der Gruppe, die mehrmals pro Woche Sport trieb.

Zusammenfassung

Der Arbeitsplatz in einem vorschriftsmäßig nach DIN EN[13] eingerichteten Büro vernachlässigt die grundlegenden Bedürfnisse des Menschen nach einer „artgerechten Haltung".

Das Defizit an Bewegung während des Arbeitstages führt zu einer reduzierten Leistungsfähigkeit, da der gesamte Stoffwechsel des Menschen und seine Selbstregulation, angefangen von der Atmung und der damit verbundenen Sauerstoffsättigung des Blutes, der Mikrozirkulation mit der damit verbundenen Versorgung mit Nährstoffen und dem Abtransport von Schadstoffen aus den feinsten Verästelungen des Gewebes, dem Abfluss der Lymphflüssigkeit, der Funktion des Immunsystems, der Verdauung bis zur Bildung von Botenstoffen, Hormonen und Enzymen etc., nicht mehr optimal funktioniert.

---

13   Europa Norm

Das Resultat sind zahlreiche Zivilisationskrankheiten, die bei einer dem Menschen und seinen genetischen Grundlagen entsprechenden Gestaltung des Büroarbeitsplatzes vermieden werden können.

1.3. Sitzen gefährdet Ihre Gesundheit!

„Risiko Büro – wer den ganzen Tag sitzt, lebt gefährlich", „Wer viel sitzt, riskiert den frühen Herztod", „Wer zu viel sitzt, altert deutlich schneller", „Sitzen ist das neue Rauchen" – das ist nur eine kleine Auswahl an Schlagzeilen aus den vergangenen Jahren. Seit mehr als einem Jahrzehnt beschäftigen sich zahlreiche Forscher mit den Auswirkungen des exzessiven Sitzens auf die Gesundheit unserer Gesellschaft. Sie haben die vielfältigen negativen Folgen unter der Bezeichnung „Sedentary Death Syndrome", kurz SeDS, zusammengefasst. Das SeDS wird als (mit)verantwortlich angesehen für

- zahlreiche chronische Krankheiten wie Diabetes mellitus Typ 2, Adipositas, Herz-Kreislauf-Erkrankungen, Bluthochdruck, niedriggradige Entzündungen („low grade inflammation"), Arthrose, Rheuma, Muskel- und Skeletterkrankungen, frühzeitige Alterung bis hin zu Krebs,
- Millionen frühzeitiger Todesfälle pro Jahr,
- hohe Kosten des Gesundheitswesens und
- eine dramatisch verminderte Lebensqualität.

Die Notwendigkeit für den Menschen, sich zu bewegen, ist genetisch bedingt. Eine Untergruppe von Genen, die in früheren Zeiten für unser Überleben wichtig war und körperliche Bewegung unterstützt hat, verlangt, dass sich der Mensch täglich bewegt, um langfristig gesund und vital zu bleiben. Tut er dies nicht, verhält er sich also gegen seine genetische Natur (Prägung), so stellen sich früher oder später die unterschiedlichsten Krankheitsbilder ein, die unter dem SeDS zusammengefasst sind.

Eine schwedische Studie zeigt übrigens, dass die negativen Auswirkungen auf unsere Gesundheit durch stundenlanges Sitzen über Freizeitsport nicht wieder ausgeglichen werden können (Ekblom-Bak et al. 2010). Der Schaden, den wir unserem Körper über den Tag hinweg durch einen Mangel an Bewegung zufügen, kann im Nachhinein somit nicht wieder geheilt werden.

In einer breit angelegten australischen Studie kamen Veerman et al. (2012) sogar zu dem Ergebnis, dass lang andauernder Fernsehkonsum die Lebenserwartung reduzieren und – vergleichbar mit Bewegungsmangel und Übergewicht – als Risikofaktor für schwere chronische Erkrankungen gelten kann. Ihren Daten zufolge verkürzte sich die Lebensspanne der Studienteilnehmer durch eine Stunde Fernsehen um durchschnittlich 22 Minuten! Es ist gut vorstellbar, dass Fernsehen noch schädlicher ist als das Sitzen im Büro, denn beim Fernsehen bewegt man sich noch weniger und sieht oft stundenlang gebannt zu, während man bei der Büroarbeit doch von Zeit zu Zeit aufsteht. Wenn man dann die Werbepausen ebenfalls nicht dazu nutzt, sich zu bewegen, sondern ruft: „Schatz, bring mir noch ein Bier!", scheint dieses Studienergebnis mehr als plausibel zu sein.

Übermäßig langes Sitzen gefährdet besonders das Herz, denn es vermindert die Bildung von Enzymen, die Cholesterin oder Triglyzeride abbauen (Dunstan et al. 2012). Auch die Verbindung zu Diabetes mellitus Typ 2 ist einleuchtend, der durch ausreichend Bewegung in Verbindung mit einer bewussten Ernährung effektiv vermieden werden kann.

Ebenso besteht ein Zusammenhang zwischen niedriggradigen Entzündungen, die durch einen hohen Anteil an innerem (viszeralem) Bauchfett begünstigt werden, und dem SeDS. Das viszerale Fett zeichnet sich dadurch aus, das es sehr stoffwechselaktiv ist und verstärkt entzündungsfördernde Substanzen freisetzt, die das Immunsystem des Organismus aktivieren (Schuster 2009).

Gerade die straff vorgewölbten Bier- und Getreidebäuche übergewichtiger Menschen (Abb. 1.22) stellen ein großes Reservoir von Entzündungs- (Interleukinen) und anderen Botenstoffen dar, die Immunzellen wie Makrophagen anlocken, durch die die Entzündungsneigung weiter steigt. Sie sind somit eine stete Quelle leichter Entzündungen, die die Eigentümer dieser Bäuche jahrelang mit sich herumtragen. Mit der Zeit bleiben die Entzündungen nicht auf das viszerale Fettgewebe beschränkt, sondern verbreiten sich im übrigen Körper und greifen auch Arterien und Organe an.

Zur Beurteilung des Gefährdungsrisikos ist dabei die Bestimmung des BMI[14] nur die zweitbeste Methode, denn er misst den Gesamtfettanteil des Körpers. Der gefährliche Anteil des Körperfettes ist aber das viszerale Bauchfett. Um diesen zu bestimmen, kann man eine aufwendige Computertomografie anfertigen lassen oder einfach den Taillenumfang messen.[15] Angaben der Deutschen Adipositas Gesellschaft[16] zufolge ergibt sich ein erhöhtes Risiko bei einem BMI > 27 und einem Taillenumfang bei Männern von über 88 cm, bei Frauen von über 80 cm.

---

14   Der Body-Mass-Index (BMI) wird folgendermaßen berechnet: Körpergewicht in kg geteilt durch die Körpergröße in Metern

15   Eine verlässliche Bestimmung des Anteils an viszeralem Bauchfett durch Blutwerte wird gerade entwickelt, steht derzeit aber noch nicht zur Verfügung.

16   http://www.adipositas-gesellschaft.de/fileadmin/PDF/Leitlinien/S3_Adipositas_Praevention_Therapie_2014.pdf. Zugegriffen: 03. Juli 2014

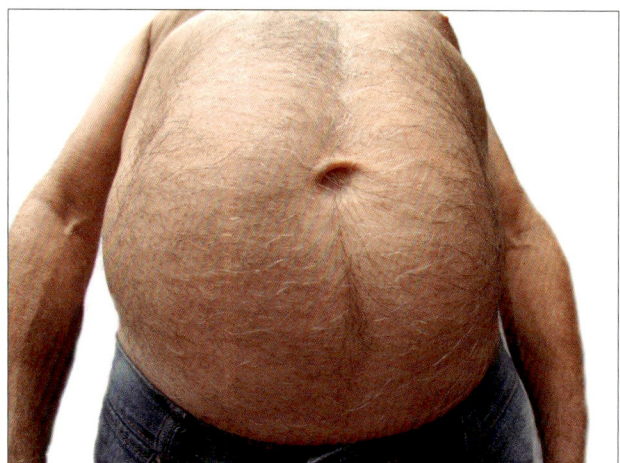

Abb. 1.22   Mensch mit Adipositas

Die Liste der Leiden ist lang, die das Bauchfett (mit-)verursachen kann – von Herz-Kreislauf-Krankheiten und Diabetes bis hin zu einem höheren Risiko für Alzheimer oder Krebs. Das Risiko viszeraler Entzündungsprozesse haben aber nicht nur Menschen mit großem Taillenumfang. Es gibt auch sogenannte „dünne Dicke". Diese haben, obwohl sie einen moderaten Taillenumfang aufweisen, einen hohen Anteil an viszeralem, potenziell gefährlichem Bauchfett. Dies hängt in erster Linie mit der Art der Ernährung zusammen und tritt oft bei Menschen auf, die große Mengen an schnellen Kohlenhydraten, vor allem Zucker, zu sich nehmen, trotzdem aber nicht an Gewicht zulegen. Eine moderat geformte Taille ist also nicht immer ein Garant für Gesundheit.

Auch die abgestorbenen Fettzellen müssen vom Immunsystem beseitigt werden. Ein aktives Immunsystem benötigt viel Energie, die dann für andere Organe, vor allem die Muskulatur, nicht mehr zur Verfügung steht. Man fühlt sich schlapp und müde, auch schon morgens nach dem Aufstehen.

SeDS sollte großes öffentliches Interesse in der Politik hervorrufen

Ständiges Sitzen zieht – wie zuvor ausgeführt – ein erhebliches Gesundheitsrisiko nach sich und stellt einen beträchtlichen Kostenfaktor für das Gesundheitswesen dar. Damit sollte es eigentlich großes öffentliches Interesse in der Politik, bei den Lenkern unserer Gesellschaft hervorrufen. Tut es aber nicht. Warum? Sitzen ist in unserer Gesellschaft zu einer nicht mehr hinterfragten Selbstverständlichkeit geworden. Alle sitzen. Deshalb kommen wir gar nicht auf die Idee, dass es vielleicht nicht in Ordnung sein könnte.

Beim Frühstück, im Auto oder in der Bahn, am Schreibtisch, in Besprechungen, beim Mittag-essen, wieder am Schreibtisch, in der nächsten Besprechung, am Computer, am Flughafen, im Flugzeug, beim Abendessen und vor dem Fernsehapparat: Jeder sitzt – oft stundenlang! Der moderne Mensch hat nur noch zwei Haupttätigkeiten: Sitzen und Schlafen, wobei die sitzend verbrachte Zeit bei Weitem die Schlafzeit übersteigt. Das bisschen Bewegung zum Fahrstuhl oder zum Auto kann man fast vernachlässigen.

Eine in den Niederlanden durchgeführte Untersuchung hat gezeigt, dass ein Sachbearbeiter mit Bürotätigkeit durchschnittlich nur zwischen 400 und 700 Meter pro Tag außerhalb seiner

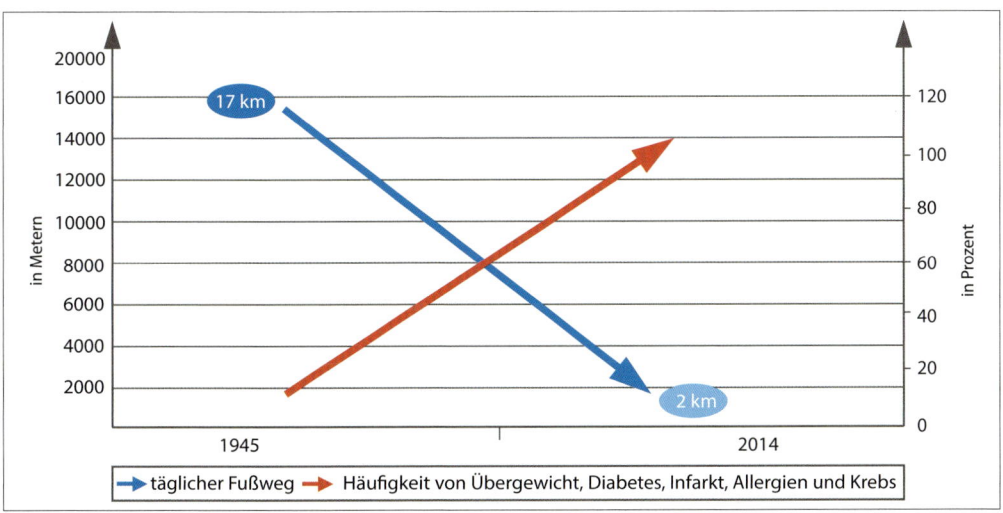

Abb. 1.23 Der Manager von heute verbraucht 600 Kilokalorien am Tag weniger als vor 45 Jahren. 17.000 Stunden unseres Berufslebens verbringen wir sitzend im Stau. 80.000 Stunden unseres Berufslebens verbringen wir bei sitzender Tätigkeit

Wohnung zu Fuß geht. Sitzen ist bequem, und der Mensch neigt von Natur aus zur Bequemlichkeit (Effizienzprinzip der Natur), sonst hätte er nicht die unzähligen Werkzeuge und Hilfsmittel erfunden, die ihm die Arbeit und Fortbewegung erleichtern.

Bequemlichkeit verkauft sich besser als Gesundheit

Die Industrie entwickelt immer mehr bequeme Sitzgelegenheiten. Bequemlichkeit ist das vorherrschende Schlagwort im Marketing. Bequemlichkeit hat einen höheren Stellenwert als Gesundheit und lässt sich auch viel leichter verkaufen! Kaum jemand sieht die Notwendigkeit, etwas gegen exzessives Sitzen zu unternehmen. Sitzen wirkt sich nicht unmittelbar nachteilig aus, verursacht anfänglich auch keine akuten Schmerzen, die körperliche Degeneration setzt schleichend ein und unbemerkt für den Sitzenden. Sitzen tötet langsam!

Sitzen ist wie eine neue Seuche

Alle ursprünglichen Kulturen, die bisher auch keine Zivilisationskrankheiten kannten und die jetzt den westlichen Lebens- und Arbeitsstil übernommen haben, einschließlich dem lebenslangen Sitzen, entwickeln zunehmend die gleichen Krankheitsbilder wie in industrialisierten Gesellschaften, einschließlich der durch das ständige Sitzen stark erhöhten Sterblichkeitsrate.

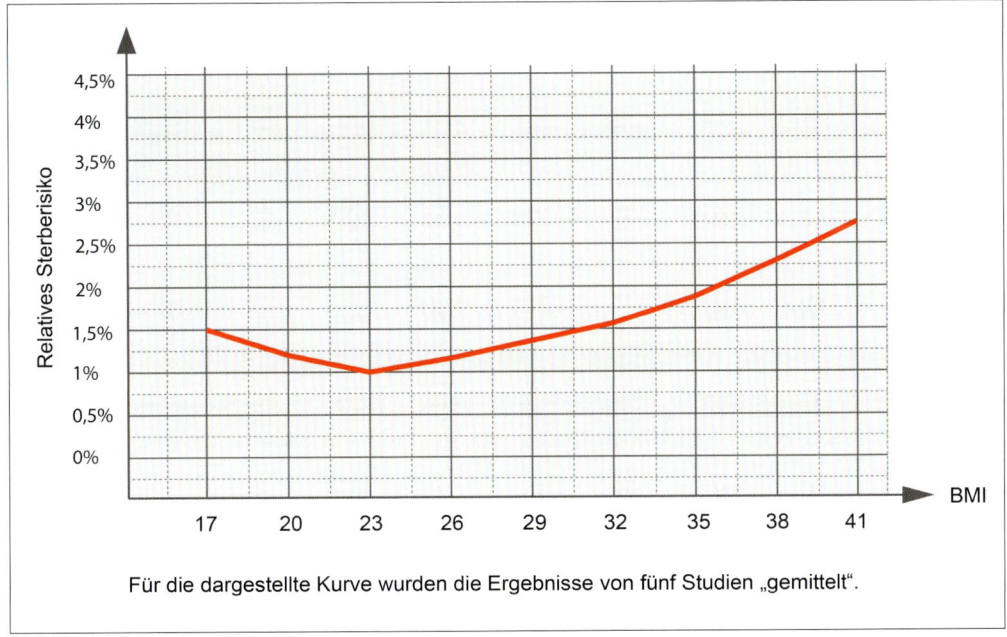

Für die dargestellte Kurve wurden die Ergebnisse von fünf Studien „gemittelt".

Abb. 1.24   Relatives Sterblichkeitsrisiko in Abhängigkeit vom BMI

Adipositas gehört zu den führenden, vermeidbaren Todesursachen weltweit. Über das Sitzen, eine der Ursachen für Adipositas, sagte deshalb die US-Managerin Nilofer Merchant[17] auf der TED Konferenz 2013 in Long Beach, Kalifornien: „In that way, sitting has become the smoking of our generation."

---

17   Im Interview mit Ryan Tate (2013).

SeDS ist eine Zivilisationskrankheit

SeDS ist eindeutig ein durch den Lebensstil in industrialisierten Ländern geprägtes Syndrom und gehört damit zu den Zivilisationskrankheiten. Bei Naturvölkern kommt es nicht vor. Die beiden Hauptfaktoren, die die Entwicklung des SeDS seit dem Zweiten Weltkrieg besonders gefördert haben, sind

- die ständig abnehmende körperliche Belastung des Menschen bei der Arbeit (im Durchschnitt nur noch ein Drittel gegenüber der körperlichen Belastung Mitte des letzten Jahrhunderts), die rapide Zunahme sitzender Tätigkeiten mit dem damit einhergehenden geringeren Energieverbrauch, in Verbindung mit
- der Zunahme des Nährstoffgehalts unserer Nahrungsmittel und der drastischen Änderung unserer Ernährungsgewohnheiten: der Wechsel von Gemüse, Proteinen und Fett hin zu Kohlenhydraten (vor allem Zucker) und Fett, in Verbindung mit Überernährung und dem Essen während des ganzen Tages, statt zu zwei oder maximal drei Tageszeiten.

Dies führt zu einer Reihe von Krankheitsbildern, die in vorindustrieller Zeit überhaupt nicht bekannt waren und die durch Lebensstil, Verhaltensweisen und Umweltfaktoren geprägt sind. Wie zur Adipositas ausgeführt, zeigen Volksgruppen in Ländern, die von einem SeDS überhaupt nicht betroffen waren, sehr bald die gleichen verhängnisvollen Symptome wie die Bevölkerung in industrialisierten Ländern, sobald sie deren Lebensstil und Verhaltensweisen übernommen haben.

Das SeDS ist also ein verhängnisvoller Irrweg, den die Entwicklung der Menschheit genommen hat. Diese Erkenntnis birgt aber auch einen großen Hoffnungsschimmer. Denn sie zeigt uns, dass wir durch eine Änderung unserer Verhaltensweisen das SeDS wieder „in den Griff" bekommen können.

Epigenetische Anpassungen

Der Mensch besitzt die großartige Eigenschaft, seinen Genpool über epigenetische Veränderungen verhältnismäßig schnell an geänderte Umweltbedingungen anpassen zu können. Aktive Gene können stumm geschaltet und bei Bedarf wieder aktiviert werden. Nur etwa 5 % unserer Gene sind tatsächlich aktiv, der Rest ruht in Wartestellung. Ohne diese erstaunliche Fähigkeit, die unglaubliche Flexibilität bei der Anpassung an neue Umweltbedingungen verleiht, wäre die Menschheit vermutlich schon längst ausgestorben. Epigenetische Veränderungen an unserem Genpool finden laufend statt, denn sie sind das Ergebnis unseres Verhaltens, unseres Denkens und unserer Überzeugungen. Und sie werden an unsere Nachkommen vererbt.

Nun könnte man meinen, dass wir doch nur zu warten brauchten, bis sich unsere Jäger- und Sammlergene an unsere neuen Lebensbedingungen angepasst haben. Das ist im Prinzip auch richtig, doch die Veränderung unserer Lebensweise in den letzten Jahrzehnten hat so unglaublich schnell stattgefunden, dass epigenetische Anpassungen damit nicht Schritt halten können. Zusätzlich umfasst die Veränderung unserer Lebens- und Verhaltensweisen so viele Bereiche unseres Lebens, dass fraglich ist, ob eine so umfassende epigenetische Anpassung unseres Genoms überhaupt möglich ist.

Eines steht jedoch fest: Die von einem SeDS betroffenen Menschengruppen leben nicht mehr im Einklang mit der Natur und mit ihren ererbten Genen. Möchten sie Krankheit vermeiden, müssen sie sich darauf besinnen, woher sie kommen und wie sie genetisch geprägt sind. In der Medizin hat dieser Gedankengang bereits Einzug gefunden, indem das Wissen über die Entwicklung des Menschen bei der Vermeidung und Behandlung von Krankheiten immer mehr im Mittelpunkt steht. Die „Evolutionsmedizin", die auf schulmedizinischen Kenntnissen basiert, hat damit die Perspektive für die Diagnose und Therapie enorm erweitert und schon zu erstaunlichen Einsichten und auch Behandlungserfolgen geführt, denn „unser Körper ist das Resultat der Evolution!"[18]

Die Problemstellung

Das Arbeiten in einem modernen, vorschriftsmäßig eingerichteten Büro macht uns krank. Das SeDS betrifft potenziell alle, die mit konventioneller Büroarbeit beschäftigt sind.

Dafür sind, kurz zusammengefasst, folgende Umstände verantwortlich:

- Büroarbeit beinhaltet lange Phasen, in denen man ununterbrochen und unbewegt sitzt.
- Die Büroeinrichtung sieht „Sitzen" als einzig zulässige Arbeitshaltung vor.
- Die Arbeitsplatzausstattung orientiert sich an Maschinen (Computern) und ihren Bedürfnissen, aber nicht am Menschen.
- Ein hoher Anteil Arbeit findet am Bildschirm statt.

---

18   Prof. Detlev Ganten im Interview mit Sophie von Glinski in der SWR Sendung „Planet Wissen", ausgestrahlt am 05. Juli 2011

- Kommunikation findet im Sitzen statt, über Telefon, Facetime, Skype, WhatsApp, SMS etc.
- Besprechungen finden im Sitzen statt.
- Fortbewegung findet im Sitzen statt (Auto, Bahn, Flugzeug).
- Lange Arbeitszeiten lassen wenig Raum für Freizeitsport. Außerdem fühlt man sich abends nach einem langen Büroalltag wie gerädert und hat keine Energie mehr, um sich zu bewegen.
- Übermäßige, kohlenhydratreiche Ernährung provoziert eine Unterzuckerung und damit Erschöpfungszustände und Heißhunger (s. Kap. 6.1.).
- Ständige Zwischenmahlzeiten und Snacks erhöhen das Gewicht und den Anteil an gesundheitsgefährdendem Bauchfett.
- Werbebotschaften für gesundheitsschädliche Verhaltensweisen wie fehlgeleitetes Sitz- (Bequemlichkeit) und Essverhalten (Zuckerkonsum) machen uns glauben, das sei gesund.
- Die Anforderungen an eine hohe Arbeitsleistung steigen, in immer kürzerer Zeit muss immer mehr bewältigt werden.
- Es besteht die Notwendigkeit, seine „persönlichen Ressourcen", Körper und Geist, auf Dauer fit und leistungsfähig zu erhalten, denn der Wettbewerb um den besten Arbeitsplatz ist hart und die Konkurrenz lauert um die Ecke.
- Die Art und Weise, wie wir im Büro arbeiten, ist weit von dem entfernt, wofür wir durch die natürliche Selektion während der letzten Jahrmillionen genetisch programmiert wurden. Wer sich auf Dauer gegen seine Natur verhält, wird aber krank.

Für all diese Probleme gilt es, eine Lösung zu finden, die unseren Steinzeitgenen gerecht wird. Wie dies möglich ist, erfahren Sie in den folgenden Kapiteln.

Abb. 1.25   The Sedentary Death

2.   Active Office – ein ganz neues Konzept

2.1. Die Anforderungen

In den vergangenen Jahrzehnten wurden Büroarbeitsplätze nach technischen und wirtschaftlichen Gesichtspunkten eingerichtet, manchmal auch nach ästhetischen. Überlegungen, die Arbeitsumgebung des Menschen nach den Bedürfnissen seiner genetischen Prägung zu gestalten, sind neu und werden in diesem Buch erstmals in den Mittelpunkt gestellt.

Das Ziel des Active Office ist, dass im Sinne der Evolutionsmedizin, die durch Büroarbeit heute hervorgerufenen Zivilisationskrankheiten vermieden werden und sich die Lebensqualität der Büroarbeiter durch ein Verhalten, das ihrer genetischen Prägung entspricht, beträchtlich verbessern wird.

Wie aber sieht diese genetische Prägung genau aus? Dafür müssen wir in die Vergangenheit blicken, um herauszufinden, wie unsere Vorfahren gelebt haben.

Evolution des Menschen – Lebensweise in der Steinzeit

Wie haben unsere Vorfahren gelebt?

Noch in der Mittelsteinzeit von 9.600 bis 4.000 v. Chr. waren unsere Vorfahren in Mitteleuropa als Jäger und Sammler ständig unterwegs auf Nahrungssuche. Sie zogen den Jahreszeiten hinterher und legten dabei oft große Entfernungen zurück. Wenn sie Durst hatten, gingen sie im Schnitt drei Kilometer weit, um Wasser zu finden. Für die Nahrungssuche legten sie täglich durchschnittlich 17 Kilometer zurück. Sie sammelten Vorräte für den Winter und Brennmaterial für kalte Tage. Neben der Nahrungssuche war auch die Beschaffung und Herstellung der Werkzeuge eine zeitraubende Aufgabe. Der Faustkeil war das gebräuchlichste Werkzeug der Steinzeit (Abb. 2.1).

Abb. 2.1   Faustkeil. Es gibt Hinweise, dass Faustkeile, Schaber, Klingen, Stichel, Speerspitzen und andere Werkzeuge bis zu 100 km weit transportiert wurden, denn an manchen Orten mit besonders geeigneten Steinvorkommen hatten sich industrielle Fertigungsstätten für Werkzeuge entwickelt, die dann ein begehrtes Handelsgut waren

Neben der Herstellung von Werkzeugen waren die Fertigung von Kleidungsstücken, der Unterhalt der Behausung und der Feuerstelle aufwendige Tätigkeiten. Um den Wanderungen der Tierherden zu folgen und Kaltperioden zu entgehen, legten unsere Vorfahren oft lange Wegstrecken zurück. Dabei mussten die Waffen zum Jagen, der Hausrat (Utensilien zum Kochen) und teilweise auch die Behausungen (Zelte) mitgenommen werden.

Die Nahrung bestand zu einem großen Teil aus erbeuteten Tieren, gefangenen Fischen, Kleintieren und Insekten, aus Knollen, Blättern, Wurzeln, Nüssen und Früchten. Oft mussten längere Perioden ohne frische Beute überbrückt werden, dafür wurde dann wieder ausgiebig gegessen, wenn ein Tier erlegt worden war.

Unsere Vorfahren waren deshalb gut daran angepasst, längere Zeit ohne Nahrung und Trinken auszukommen. Sie verwendeten weder Salz oder Zucker zum Kochen, noch standen ihnen Gewürze zur Verfügung, lediglich Kräuter aus der regionalen Umgebung.

Der Bedarf an Mineralstoffen wurde weitgehend durch den Konsum von Fleisch, Nüssen und Pflanzen gedeckt, eine Zufuhr von Kochsalz, wie wir es heute kennen, gab es nicht. Entscheidend war der natürliche Salzgehalt dieser Nahrungsmittel. Die erste gewerbliche Salzgewinnung begann in der Hallstattzeit und in Polen ab 3.500 v. Chr. Zucker stand unseren Vorfahren nur in Form von Fruchtzucker reifer Früchte zur Verfügung und von Honig, wenn denn ein Bienenstock gefunden wurde und man sich gegen die stechenden Bienen durchsetzen konnte. Man kann davon ausgehen, dass dies nicht so oft der Fall war.

Anlass für Bewegung

Unsere Vorfahren haben sich nicht freiwillig bewegt, sondern nur dann, wenn dies notwendig war, um ihre Grundbedürfnisse zu befriedigen und zu überleben oder um ihre Neugierde zu stillen. Diesen Zielen war alles andere untergeordnet. So wurde Bewegung ausgelöst durch:

- *Hunger:* Der größte Teil der Menschen ist in der Vergangenheit verhungert. Der Mensch musste also Beute machen und sammeln oder betrieb später, nachdem die Auswirkungen der neolithischen Revolution[1] ab etwa 5.000 v. Chr. bis nach Mitteleuropa vorgedrungen waren, Landwirtschaft und Vorratshaltung.
- *Durst:* Wenn sie Durst hatten, gingen sie zu einer Quelle, um zu trinken oder Wasser zu holen, oder später zu einem Brunnen.
- *Kälte:* Zum Feuer machen musste man Holz und Zweige sammeln, zerkleinern, nach Hause transportieren und das Feuer unterhalten.
- *Bedürfnis nach Kontakt zu Mitmenschen:* Wollte man sich mit Nachbarn oder Freunden treffen, so musste man oft weite Strecken zurücklegen.
- *Sexualtrieb:* Dies ist ein elementarer Trieb des Menschen. Ohne diesen wären wir schon längst ausgestorben. Um einen Sexualpartner zu treffen, musste man ihn suchen und finden. Dazu war Bewegung nötig. Ohne Bewegung kein Sex, dies gilt auch noch heute.
- *Neugier:* Um Informationen zu erlangen, musste man sich an einen Ort bewegen, an dem man diese erhalten konnte. Vermutlich ist auch ein Großteil der Migrationsbewegungen durch Neugierde initiiert und durch den nicht versiegenden Glauben des Menschen, dass es woanders besser ist. Ohne Neugier gäbe es keinen Fortschritt. Neugier gehört zu den Grundbedürfnissen des Menschen und hat immer auf die eine oder andere Art Bewegung ausgelöst.

Der Mensch hat sich also bewegt, um seine grundlegenden Bedürfnisse zu befriedigen.

Solche Bewegungen nennt man „spontan". Um sie auszuführen war der gesamte Körper gefordert, nicht nur einzelne Muskelgruppen. Solche Bewegungen nennt man komplex. Sie wurden intuitiv durchgeführt und jeder entschied eigenverantwortlich, wann er was tat.

Diese Art von Bewegungen sind Teil unseres Lebens geworden: spontane, komplexe, intuitiv von uns selbstverantwortlich ausgeführte Bewegungen. Durch die natürliche Selektion haben sich Menschen mit Genen durchgesetzt, die diese Bewegungen gut durchführen konnten. Diese Gene sind auch noch heute ein wesentlicher Bestandteil unseres Genoms[2].

---

1   Zu Beginn des Neolithikums wurde der Mensch sesshaft, betrieb Ackerbau und Viehzucht. Der Vorratshaltung von Nahrungsmitteln kam eine größere Bedeutung zu.

2   Als Genom oder auch Erbgut eines Lebewesens bezeichnet man alle vererbbaren Informationen einer Zelle.

Während Hunderttausenden von Jahren hat die Natur unseren Körper an Bewegung angepasst. Eine Veränderung unseres Genoms um nur 1 % durch die natürliche Selektion benötigt ungefähr den Zeitraum von einer Million Jahre.[3] Die Steinzeit liegt weniger als 5.000 Jahre zurück. Deshalb sind die seither erfolgten genetischen Veränderungen in unserem Genom kaum feststellbar. Wir alle tragen Gene in uns, die Bewegung von unserem Körper fordern, um ihn seiner Bestimmung entsprechend zu gebrauchen.

Anders ausgedrückt: Sich nicht zu bewegen, stellt einen Missbrauch unseres Körpers dar, an dem man in früheren Zeiten gestorben ist: Man ist verhungert oder verdurstet (wie die meisten Menschen seit Anbeginn der Menschheitsgeschichte). Heute wird man krank, wie die dramatische Zunahme der Zivilisationskrankheiten zeigt.

Bewegung früher und heute – ein kleiner Ausflug in die jüngere Vergangenheit

Bewegung vor 200 Jahren, Anfang des 19. Jahrhunderts

Im Vordergrund stand die körperliche Arbeit zum täglichen Broterwerb. Außer relativ einfachen Hilfsmitteln stand dem Menschen in der Landwirtschaft als Hilfe lediglich ein Ochsen- oder Pferdegespann zur Verfügung. Zu Beginn des 19. Jahrhunderts bewegte man sich am Festland entweder zu Fuß, zu Pferd oder in einer Kutsche fort. Eine Reise von München nach Italien dauerte ungefähr eine Woche und die Überquerung der Alpen war mit zahlreichen Gefahren verbunden.

Man stand bei der Arbeit, auch im Büro an Schreibpulten, oder bewegte sich. Um den Esszimmertisch standen einfache Holzbänke, vergleichbar den bayerischen Bierbänken, ohne Lehne. Stühle mit Lehnen waren teuer in der Herstellung und deshalb nur höher gestellten Herrschaften vorbehalten. Auch die Kirchenschiffe besaßen lediglich ein Chorgestühl für die Würdenträger. Das einfache Volk stand, um dem Gottesdienst beizuwohnen.

---

3   Das bezieht sich auf die Veränderung des Genoms an sich, nicht aber auf epigenetischen Anpassungen, die von Generation zu Generation weitervererbt werden und nur die Aktivierung oder Stummschaltung gewisser Gene aus dem konstanten Genom betreffen.

Die tägliche Arbeit wurde mit den Händen verrichtet, unterstützt durch einfachste Vorrichtungen. Man schätzt, dass die Menschen im Schnitt täglich etwa 20 bis 25 Kilometer zu Fuß zurücklegten.

Bewegung vor 100 Jahren, Anfang des 20. Jahrhunderts

Das hatte sich bis vor 100 Jahren schon gewaltig geändert. Es gab Lokomotiven, ein ausgebautes Schienennetz, erste Kraftfahrzeuge, Gaslaternen, elektrischer Strom wurde schon technisch genutzt, es gab die Telegrafie, Anfänge der Telefonie und öffentliche Verkehrsmittel (Abb. 2.2).

Stühle wurden für Arbeiten im Büro und zu Hause, aber auch in der Freizeit genutzt, nachdem die kostengünstige Massenproduktion von Michael Thonet Mitte des 19. Jahrhunderts entwickelt worden war (Abb. 2.3).

Meine Mutter ist im Jahr 1910 in Wien zur Welt gekommen. Sie musste sich damals täglich noch wesentlich mehr bewegen, als dies in meiner Jugend, den 50er-Jahren des vergangenen Jahrhunderts, der Fall war:

- Die Toilette befand sich im Halbstock des fünfstöckigen Mietshauses, in dessen vierten Stock sie wohnte. Natürlich gab es keinen Aufzug.
- Das Wasser musste sie am Gang holen, es wurde in großen Krügen aus Steingut in die Küche und ins Schlafzimmer getragen. Das Schmutzwasser wurde anschließend wieder zur Toilette im Halbstock gebracht.

Abb. 2.2 Straßenverkehr
um 1900

Abb. 2.3 Stuhl von
Michael Thonet 1859

- Um zu kochen, mussten Holz und Kohlen aus dem Keller geholt werden, ebenso für den Ofen im Wohnzimmer.
- Zum Einkaufen ging man in viele verschiedene Geschäfte, die oft weit auseinander lagen: zum Gemüseladen, zum Metzger, zum Bäcker, in den Gemischtwarenladen, in die Tabaktrafik, zum Milch-, Eier- und Butterhändler usw.
- Zu Hause hatte man Petroleumlampen und Kerzen. Man ging normalerweise ins Bett, wenn es dunkel wurde.
- Freunde zu besuchen war mühsam und erforderte oft eine Anreise von mehreren Stunden.

Viele Menschen litten Hunger. Meine Mutter konnte sich erinnern, dass sie als sechsjähriges Mädchen um vier Uhr früh weggeschickt wurde, um einen Laib Brot zu kaufen. Sie musste sich dazu anstellen. Als sie dann um sechs Uhr an die Reihe kam, hatte der Kunde vor ihr den letzten Laib erhalten. An diesem Tag gab es kein Brot zu essen. Das war während des Ersten Weltkrieges. Auch noch viele Jahre danach war Hunger ein täglicher Begleiter.

Wer sich hinsetzte und nichts tat, galt als faul. Arbeit war fast immer mit Bewegung verbunden. Den Wissensarbeiter von heute gab es nur in seltenen Ausnahmefällen.

Bewegung vor 60 Jahren, Mitte des letzten Jahrhunderts

In meiner Jugend hatte ich es schon viel leichter. Wir hatten fließendes Wasser in Küche und Bad, eine eigene Toilette im Badezimmer, einen Gasdurchlauferhitzer für Warmwasser, einen Gasherd und eine elektrische Kochplatte. Jeweils zwei Zimmer wurden durch einen gemeinsamen Ofen beheizt. Kohlen und Holz musste man zwar noch immer aus dem Keller holen, aber wir wohnten nur im ersten Stock.

Mein tägliches Bewegungsprogramm als Schulkind sah ungefähr so aus:

- Der Weg zur Schule betrug etwa 45 Minuten zu Fuß, anschließend nochmals 45 Minuten zurück.
- Einkäufe für meine Mutter und das tägliche Holen frischer Milch waren verbunden mit einem Fußmarsch von 30 Minuten hin und 30 Minuten zurück.
- Nach den Hausaufgaben warteten meine Freunde schon auf mich, um in der nahen Lehmgrube, im Akaziendickicht oder im Kürnbergerwald zu spielen.
- Später fuhr ich mit dem Fahrrad ins Gymnasium, täglich den Berg hinunter und wieder hoch.

- Fernsehen gab es erst, als ich das Haus meiner Eltern verlassen hatte und zum Studieren weggezogen war.
- Ein Auto konnten wir uns nicht leisten.

Das Bewegungsprogramm meiner Schulkameraden sah ähnlich aus. Auch das Leben meiner Mutter war zu meiner Jugendzeit von Bewegung geprägt. Sie hatte im Haushalt genug zu tun: Wäsche waschen (ohne Waschmaschine), Kochen, Putzen, Einkaufen (natürlich zu Fuß), Kohlen aus dem Keller holen, Einheizen etc.

Lediglich mein Vater war als Beamter im gehobenen Dienst, wirklicher Hofrat und Landesbaudirektor, ein reiner Schreibtischtäter. Er saß den ganzen Tag und war auch am Wochenende meist im Büro oder hatte sich Akten mit nach Hause genommen, die er am Schreibtisch sitzend bearbeitete. Schon bald rächte sich dies: Er litt schon früh an Hüftgelenksarthrose und hatte große Schmerzen. Künstliche Hüftgelenke wurden erst in den 1960er-Jahren entwickelt. Es gab also außer magenschädlichen Schmerzmitteln keine Möglichkeit, meinem Vater das Leben zu erleichtern.

Bewegung heute

Heutzutage ist Bewegung zum größten Teil aus unserem Leben verschwunden. So sieht das Bewegungsprogramm eines Durchschnittsbürgers heute aus:

- Zur Arbeit fährt er mit öffentlichen Verkehrsmitteln, meist liegt die nächste Station nicht weiter als in zehn Minuten Gehentfernung, oder mit dem Auto.
- Zum Einkaufen für den täglichen Bedarf fährt oder geht er in nur einen Supermarkt, in dem man alles erhält, was man für den Tag benötigt.
- Frisch gekocht wird in vielen Haushalten selten, oft gibt es tiefgekühlte oder konservierte Fertiggerichte, Pizza, Hamburger und Wurst, in der Mikrowelle oder im Ofen aufgewärmt.
- Informationen erhält man über Fernsehen, Radio oder Internet.
- Kommuniziert wird über Internet oder Mobiltelefon. Man ist überall und ständig vernetzt, muss also zu niemandem mehr hingehen, um zu kommunizieren, auch nicht im Büro. Kommuniziert wird per Computer und Telefon.
- Zum Einkaufen im Internet bewegt man die Computermaus und lässt sich alles bis vor die Haustür liefern, auch Lebensmittel.
- Selbst die Partnersuche funktioniert schon per Internet.
- Sport kommt im Fernsehen, da braucht man sich nicht mehr selbst zu bewegen.

- Wasser kommt aus der Leitung, die Wärme von der Zentralheizung, elektrischer Strom kommt aus der Steckdose und ist überall verfügbar, alles wird automatisch geregelt, meist ist es nicht einmal mehr nötig, selbst ein Gerät einzuschalten.

Schwere körperliche Arbeiten werden mehr und mehr von Maschinen verrichtet. Seit Jahrzehnten werden Arbeitsplätze, die körperliche Betätigung erfordern, durch solche an Schaltwarten oder am Schreibtisch ersetzt. Dieser Wandel betrifft die Produktion, in der mehr und mehr überwachende und steuernde Tätigkeiten gefragt sind, genauso wie die Bürotätigkeit. Der Einzug der EDV in alle Bereiche des Lebens, der Arbeit und der Freizeit, haben dies bewirkt. Der Wissensarbeiter, der kommuniziert und koordiniert, hat den körperlich arbeitenden Menschen im Berufsleben großteils abgelöst.

Nach der Arbeit fahren wir mit dem Auto oder mit öffentlichen Verkehrsmitteln nach Hause. Dort wartet nach dem Essen das bequeme Sofa. Es ist nach dem Fernsehapparat und dem Bett, das beliebteste Möbelstück und darf in keiner Wohnung fehlen. Hat man das Bedürfnis, mit jemandem zu sprechen, so erledigt man dies bequem von seinem Computer aus per Skype, FaceTime oder Viber. Man muss keine Freunde mehr besuchen. Man muss nicht einmal mehr zum Videoverleih, sondern kann sich Filme und Musik bequem aus dem Internet herunterladen. Die Bequemlichkeit im alltäglichen Leben nimmt bisweilen groteske Züge an (Abb. 2.4).

All diese Veränderungen haben in einer atemberaubend kurzen Zeit stattgefunden, nämlich in den letzten 200, 100, 60 bzw. 20 Jahren, im Vergleich zu der Zeitspanne von etwa fünf bis sechs Millionen Jahren, in der sich der Homo sapiens sapiens zu einem ausdauernden und geschickten Jäger entwickelt hatte. Die Ausdauer besitzen wir noch heute, denn wir können stundenlang fernsehen oder im Internet surfen.

Abb. 2.4   So kommt auch der Hund zu seinem Laufpensum (gestelltes Bild: meine Frau mit unserem Hund)

Mit der Bewegung sieht das anders aus. Sich gut und geschickt zu bewegen, ist heute kein unmittelbar entscheidender Überlebensvorteil mehr und außer bei gewissen Sportarten auch nicht mehr nötig. Heute kann man auch überleben, ohne sich zu bewegen.

Das Ergebnis der dramatischen Verhaltensänderungen in den letzten Jahrzehnten ist, dass wir diese mit zunehmender Krankheit und rasant abnehmender Lebensqualität bezahlen. Wir haben uns von dem Zweck, zu dem uns die Natur geschaffen hat, dramatisch weit weg entwickelt. Je weiter wir uns von der Natur entfernen, desto kränker werden wir.

Nicht jede Art von Bewegung ist gut für den Menschen

Aber Bewegung ist nicht gleich Bewegung – es kommt auf die Qualität an. Das zeigen z. B. die neuesten Untersuchungen von Prof. Dr. Christian Haas an der Fresenius Hochschule in Idstein. Haas et al. (2012) kommen zu dem Ergebnis, dass

- „komplexe, spontane Bewegungen" äußerst positiv für den menschlichen Organismus einzustufen sind. Sie regen die Tätigkeit des Gehirns an und erfordern wenig Energie. Sie passieren sozusagen automatisch, um eine Aufgabe zu erfüllen,
- im Gegensatz dazu „lineare, erzwungene Bewegungen" eher abträglich für den Menschen sind. Sie müssen oft nach einem vorgegebenen Muster durchgeführt werden, sind also nicht intuitiv. Häufig sind sie auch repetitiv und abstumpfend, manchmal sogar mit hoher Frequenz. Das Gehirn ermüdet dabei schnell, die Fehlerhäufigkeit steigt an.

Ein gutes Beispiel für „komplexe, spontane, intuitive Bewegungen" sind das Klettern oder verschiedene Ballspielarten. Dabei müssen Körper und Geist ständig auf neue Reize und Situationen reagieren. Die Bewegungen erfolgen spontan, um ein Ziel zu erreichen. „Lineare, erzwungene Bewegungen" sind z. B. Fließbandarbeit, wie sie früher üblich war, bei der repetitiv gleichartige Arbeiten durchgeführt werden. In mancher Hinsicht auch Arbeiten am Computer wie etwa Dateneingabe oder Tipparbeit.

Den Unterschied zwischen den beiden Bewegungsmustern kann man am besten beschreiben, indem man einen Menschen und einen Roboter Skifahren lässt[4]. Dabei muss der Skifahrer ständig auf neue Reize komplex und in Millisekunden reagieren. Es ist nicht nur die Reaktion

---

4   Mündliche Mitteilung von Herrn Prof. Dr. Christian Haas im Juni 2012

eines einzelnen Gelenks erforderlich, sondern einer ganzen Gelenk-, Muskel-, Sehnen- und Faszienkette – vom Sprung- über das Knie- und Hüftgelenk bis hin zum Becken, der Wirbelsäule, den Schultern und den Armen bis zum Kopf. Alles gleichzeitig, parallel gesteuert von dem Zentralcomputer des Menschen, dem Gehirn, oder auch über Reflexe im Rückenmark. Der Mensch kann Skifahren, der Roboter nicht. Die gleichzeitige Erfassung von Anforderungen und Reizen und die daraus abgeleitete, aufeinander abgestimmte Bewegung vieler Gelenke gleichzeitig mit dosierter Reaktion in Millisekunden überfordert den Roboter bei Weitem.

Der Mensch braucht, um sich wohlzufühlen, komplexe, spontane Bewegungen. Diese machen ihn glücklich, wach und aufnahmefähig. Es sind jene Bewegungsmuster, die wir seit Jahrmillionen benötigt und geübt haben. Sie kosten wenig Energie im Vergleich zu linearen Bewegungen, die uns abstumpfen und müde machen. Bleibt der Mensch hingegen statisch, steigt das Risiko von gesundheitlichen Schäden (Abb. 2.5).

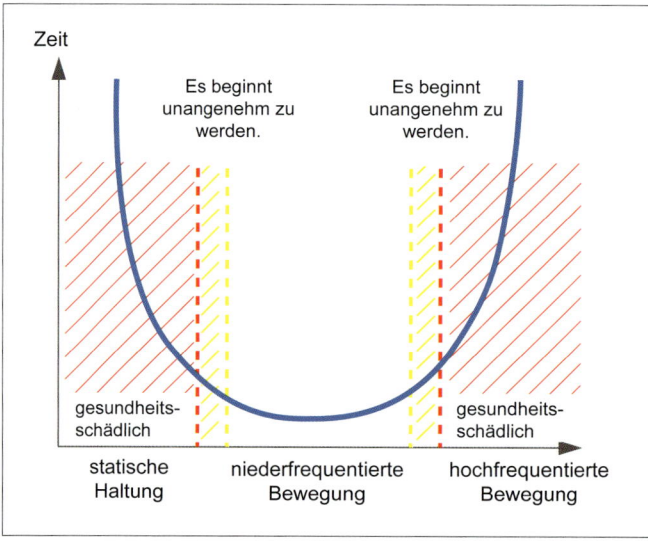

Abb. 2.5   Gesundheitsrisiko bei verschiedenen Arten von Bewegung

Durch die schnelle Ermüdung fallen uns auch repetitive, lineare Bewegungen auf Dauer sehr schwer. Wir müssen uns mit viel Disziplin dazu überwinden, z. B. einen Marathon zu laufen. Ein Tier würde so etwas Unsinniges nie tun! Oder haben Sie schon einmal einen Wolf Marathon laufen sehen? Oder eine Ratte? Aber diese Tiere können stundenlang in Bewegung sein, um einer Beute nachzujagen oder ein Stück Käse ins Nest zu schleppen.

Das Gleiche gilt für statische Körperhaltung. Der Informationsdienst des hessischen RKW-Arbeitskreises „Gesundheit im Betrieb" schreibt in seinem „Präventionsportal"[5] zur statischen Körperhaltung (Petry 2009, S. 16 f.):

„Das Verbleiben in der jeweiligen Körperhaltung über einen längeren Zeitraum hinweg ist das Hauptmerkmal aller Zwangshaltungen und wird in der Arbeitswissenschaft als statische Körperhaltung bezeichnet. Die statische Körperhaltung wird definiert als eine Körperhaltung, die länger als 4 Sekunden eingehalten wird (DIN EN 1005-2009), wobei die Bewegung der angespannten Muskeln klein oder gleich null ist und kein Wechsel zwischen Anspannung und Entspannung stattfindet.

Statische Körperhaltungen belasten das Muskel-Skelett-System besonders stark und stellen ein hohes Gesundheitsrisiko dar. Erst durch Bewegung kommen alle physischen Prozesse in Gang, die den Körper optimal aktivieren, regulieren und regenerieren, je nach Bedarf. […]

Die am häufigsten in der Arbeitswelt vorkommenden Zwangshaltungen sind:

- Lang anhaltendes Sitzen
- Stehen
- Arbeiten in Rumpfbeuge
- Hocken, Knien, Fersensitz, Kriechen, Liegen
- Arbeiten über Schulterniveau"

Zusammenfassend kann man sagen: Es gibt Bewegungen, die gut für den Menschen sind, das sind spontane, komplexe, intuitiv durchgeführte und abwechslungsreiche Bewegungsmuster, und Bewegungen, die für unseren Körper wenig geeignet sind, das sind statische, lineare, erzwungene und repetitive Bewegungsmuster. Die Ersteren entsprechen jenen, die wir seit Jahrmillionen geübt und durchgeführt haben, die Letzteren entspringen einer technisierten Umwelt und sind nicht natürlich.

Auch der Geist braucht spontane, komplexe Bewegungen

Wie wichtig es für den Menschen ist, sich spontan und komplex zu bewegen, zeigen auch die Ergebnisse des Projektes „Bewegte Schule" an der Fridtjof-Nansen-Schule in Hannover.[6] Dieses

---

5 http://www.infoline-gesundheitsfoerderung.de
6 http://www.bewegteschule.de/meta/sitemap.php

seit mehreren Jahren in Zusammenarbeit mit der BAG[7] durchgeführte Schulprojekt hat gezeigt, dass Bewegungsangebote für die Kinder die schulischen Leistungen positiv beeinflussen.

Dr. Dieter Breithecker, der Leiter der BAG, führt in seinen Vorträgen aus, dass das Training des Gleichgewichtssystems die Intelligenz fördert. In zahlreichen Studien ist inzwischen belegt, dass bei Kindern, die mit Bewegungsanreizen aufwachsen, die Entwicklung der kortikalen Strukturen wesentlich erfolgreicher abläuft (es werden messbar mehr Synapsen verknüpft) als bei Kindern, die sich wenig bewegen, viel Zeit vor dem Fernsehapparat oder der Spielkonsole zubringen. Daher kommt auch der Slogan: „Swoppen macht schlau!" (Breithecker 2009).

Wie muss ein menschengerechter Arbeitsplatz aussehen?

Eine „artgerechte Haltung" des Menschen im Büro muss, um unserer genetischen Veranlagung gerecht zu werden, also folgende Kriterien erfüllen:

- Intuitive, abwechslungsreiche, spontane, komplexe Bewegung
- Maximales Verharren in einer Arbeitshaltung: 10–20 Minuten[8]
- Unerwartete Reize, auf die Körper und Geist reagieren müssen
- Eine alle Sinne ansprechende Büroumgebung (s. Kap. 4.)
- Eigenverantwortliche Organisation der Arbeit
- Soziale Kontakte
- Schutz vor Störungen

Ein zusätzlicher Beitrag, den jeder persönlich leisten kann, ist eine Umstellung seiner Ernährung, sofern dies nötig ist (s. Teil III). Ohne diese ist eine Steigerung unserer Lebensqualität nicht zu erzielen. Jemand, der sich noch so gut und viel bewegt, wird nicht in der Lage sein, eine Lebensqualität auf hohem Niveau zu erreichen, solange er sich schlecht, das heißt nicht gemäß seiner genetischen Veranlagung, ernährt.

---

7   Bundesarbeitsgemeinschaft für Haltungs- und Bewegungsförderung (BAG), http://www.haltungbewegung.de/kontakt.aspx

8   Man nimmt an, dass nach 20 Minuten ohne nennenswerte Bewegung, spätestens aber nach 2 Stunden, die Leber damit beginnt, die Produktion eines Enzyms zu reduzieren, das für die Umwandlung von Fett in Glukose mitverantwortlich ist. Deshalb haben Menschen, die während ihrer Arbeit in Bewegung bleiben, z. B. Kellner oder Briefträger, im Durchschnitt wesentlich bessere Blutwerte und sind auch gesünder als diejenigen, die ihre Arbeit hauptsächlich im Sitzen verrichten.

Was bedeutet dies für die Gestaltung des Active Office?

Ein Active Office muss ein unserem genetischen Erbe entsprechendes Verhalten ermöglichen. Die Funktion, die dies ermöglicht, muss im Vordergrund stehen – ohne Rücksicht auf Konventionen. Folgende Bereiche sind davon betroffen:

1. *Arbeitsorganisation:* Die Arbeit muss so organisiert sein, dass

- die Büroarbeit auf möglichst unterschiedliche, ständig wechselnde Art erledigt werden kann,
- möglichst viele, unterschiedliche Bewegungsmuster eingesetzt werden können,
- unterschiedliche Tätigkeiten einander abwechseln (Vorbeugung gegen geistige Ermüdung).

2. *Büroeinrichtung:* Die Büroeinrichtung muss gewährleisten, dass

- ständig leichte Bewegung möglich ist,
- ein ständiger Wechsel von Körperhaltungen und Bewegungsmustern erfolgt,
- keine Arbeitshaltung länger als 10 bis 20 Minuten beibehalten wird,
- dieselbe Tätigkeit gleich effizient an verschiedenen Arbeitsplätzen durchgeführt werden kann,
- möglichst alle Sinne des Menschen angesprochen werden.

3. *Mensch:* Der Mensch muss körperlich und geistig ausgewogen, „in Balance" bleiben (s. Kap. 3.4.)

4. *Ernährung:* Die Ernährung muss unseren Genen entsprechen – nur dann werden wir eine Steigerung unserer Lebensqualität erreichen können.

2.2. Der Grundgedanke des Active Office

Büroarbeit ist im Allgemeinen so organisiert, dass sie mit möglichst wenig Bewegungsaufwand ausgeführt werden kann. Man erachtet dies als effizient – auch wenn dadurch der Körper des Menschen Schaden nimmt und ausdauernde Leistung auf hohem Niveau nicht möglich ist.

Im Gegensatz dazu löst in einem Active Office jedes „Bedürfnis des Menschen" Bewegung aus. „Bedürfnisse" werden hervorgerufen durch die Erledigung der individuell unterschiedlichen

Büroarbeit. Dies können sein: das Holen eines Dokuments, das Bearbeiten eines Vorgangs, das Besorgen einer Information, die Herstellung einer Kommunikation, das Organisieren von Büromaterial oder -utensilien etc., kurz gesagt: alle Tätigkeiten, die bei Büroarbeit anfallen.

Dazu muss Büroarbeit mithilfe der *Elemente des Active Office* neu organisiert werden:

2.3. Die 11 Elemente eines Active Office

1. Zwei *gleichberechtigte Arbeitsflächen*, eine zum Sitzen und eine zum Stehen: Beide sind nur etwa halb so groß wie übliche Schreibtischflächen im Büro.

2. Ein *Orgaboard* (Organisationsmöbel), in dem sich die gesamte Ablage, alle Dokumente, Vorgänge, Büromaterial und -utensilien etc. befinden.

3. Ein *Bewegungsraum*, der sich zwischen den beiden Arbeitsflächen und dem Orgaboard befindet.

4. Ein *Active Floor* (aktiv dynamischer Fußboden) für den Bewegungsraum.

5. Ein *aktiv dynamischer Bürostuhl* zum leichten Wechsel zwischen Sitz- und Steharbeitsfläche.

6. Eine *aktiv dynamische Stehhilfe.*

7. Einen *zentralen Computerblock*, der die Geräte für EDV und Telefon aufnimmt und der zwischen den beiden Arbeitsflächen aufgestellt ist.

8. Die *Active Office Software,* die Bewegung fördert und auf Wunsch ein Bewegungsprofil aufzeichnet.

9. Das *Whiteboard* als alternativen, zusätzlichen Arbeitsplatz, der auch mit anderen Nutzern geteilt werden kann.

10. Der *Kommunikationsindikator* (KOMI), der Störungen vorbeugt.

11. Die *Kreativcouch.*

Wie diese Elemente genau aussehen und eingesetzt werden, dazu gleich mehr.

2.4. Das Organisationsprinzip des Active Office

- Die Arbeitsflächen sind leer, bis auf den Vorgang, der gerade bearbeitet wird, den Bildschirm, die Tastatur und die Maus.
- Die gesamte Ablage befindet sich im Orgaboard. Hier liegen alle Dokumente, Vorgänge, Informationen, Termine, Büromaterial und -utensilien, Handy-/Smartphone-Ladestation, Kaffeetasse, Bilder der Freundin oder der Familie etc.
- Jedes Mal, wenn ein Vorgang beendet ist oder etwas geholt werden muss, erfordert dies Bewegung hin zum Orgaboard. Es ist vertikal angeordnet, die einzelnen Vorgänge, Utensilien etc. liegen auf unterschiedlichem Niveau, sodass man in die Knie gehen oder sich strecken muss, um etwas zu holen.
- Zwischen den beiden Arbeitsflächen und dem Orgaboard befindet sich der Bewegungsraum. Dort finden die spontanen, komplexen, intuitiven, von der Absicht ein Ziel zu erreichen bestimmten Bewegungen statt. Die Befriedigung jedes einzelnen „Bedürfnisses" verlangt Bewegung.
- Das Headset und/oder der Telefonapparat befinden sich auf dem zentralen Computerblock zwischen den Arbeitsplätzen oder auf dem Steharbeitsplatz. Bei jedem Telefongespräch steht man auf und bewegt sich zum Telefon oder Headset. Telefoniert wird ausschließlich im Stehen oder im Gehen, innerhalb oder außerhalb des Bewegungsraums.
- Die maximale Zeitspanne, die an einer der beiden Arbeitsflächen gearbeitet wird, beträgt 10 bis 20 Minuten. Deshalb muss ein leichter und schneller Wechsel zwischen Sitz- und Steharbeitsfläche möglich sein. Dies wird durch einen aktiv dynamischen Bürostuhl erreicht, der auf einer Feder gelagert ist, wie ein swopper oder 3Dee. Beide besitzen eine Spiralfeder, die beim Einschwingen einen Impuls auslöst, der das schnelle Aufstehen unterstützt. Ebenso erzeugt das Hinsetzen ein angenehmes Gefühl des weichen Schwingens.
- Um die Arbeit im Stehen zu unterstützen, kann zusätzlich zu dem aktiv dynamischen Bürostuhl noch eine ebensolche Stehhilfe, z. B. der muvman eingesetzt werden. Auch auf dieser sitzt man im „labilen Gleichgewicht", muss also ständig die Balance halten wie beim aufrechten Gang.
- Manchmal dauert die Bearbeitung eines Vorgangs länger als 10 bis 20 Minuten. Um zu vermeiden, dass man – gebannt durch die konzentrierte Arbeit – vergisst die Arbeitshaltung zu ändern, macht einen die Active Office Software darauf aufmerksam.
- Die Effizienz der Arbeit im Büro leidet oft unter häufigen, unerwünschten Unterbrechungen. Um die Kollegen darauf aufmerksam zu machen, wann man für eine Kommunikation „offen" ist oder nicht gestört werden will, nutzt man den KOMI.

- Die Kreativcouch bietet ein alternatives Bewegungsmuster zum Lesen, Korrigieren, Konzipieren etc.

Mit diesen Elementen bietet der Active Office Arbeitsplatz größtmögliche Flexibilität. Da die Arbeitsanforderungen je nach Aufgabengebiet und Branche sehr unterschiedlich sein können, obliegt es dem Benutzer, seine Arbeit so zu organisieren, dass ein Maximum an Bewegung während des Tagesablaufs erzielt wird. Die Active Office Software unterstützt ihn dabei.

Die Verantwortung dafür, ob und wie viel er sich bewegt, liegt aber einzig beim Benutzer. Er hat es in der Hand, seinen Arbeitsablauf aktiv dynamisch zu organisieren oder auch in einem Active Office den ganzen Tag auf seinem Hintern sitzen zu bleiben – was er hoffentlich nicht tut.

2.5. Die Elemente im Detail

Die Arbeitsflächen

Jede der beiden Arbeitsflächen ist nicht einmal halb so groß wie die Arbeitsfläche eines konventionellen Büroschreibtisches (Abb. 2.6). Sie dient nur dem gerade zu bearbeitenden Projekt und nicht wie üblich großteils zur (Zwischen-)Ablage. Beide Arbeitsflächen werden immer gleichberechtigt benutzt. Bildschirm, Tastatur und Maus sind auf jeder Arbeitsfläche gleichartig vorhanden. Die an einer Arbeitsfläche begonnene Aufgabe kann jederzeit an der anderen Arbeitsfläche ohne Unterbrechung fortgesetzt werden.

Bei Bedarf kann ein zweiter Vorgang an der anderen Arbeitsfläche bearbeitet werden. Es bietet sich an, die beiden Arbeitsflächen im Winkel zueinander aufzustellen, da damit der Wechsel vom Steh- zum Sitzarbeitsplatz und umgekehrt leicht vonstatten geht (Abb. 2.7). So kann man auch beide Arbeitsflächen gleichzeitig benutzen, was sinnvoll sein kann, wenn für die Bearbeitung eines Vorgangs eine größere Anzahl von Unterlagen nötig ist.

Steh- und Sitzarbeitsfläche können in der Höhe auf die Körpergröße des Benutzers eingestellt werden. Folgende Maße sind mindestens nötig:

- Sitzarbeitsfläche: 65 bis 85 cm
- Steharbeitsfläche: 85 bis 125 cm

Abb. 2.6   Steh- und Sitzarbeitsfläche

Abb. 2.7   Steh- und Sitzarbeitsfläche im Winkel angeordnet mit zentralem Computerblock

Abb. 2.8   Steh- und Sitzarbeitsfläche linear angeordnet

Abb. 2.9   Steh- und Sitzarbeitsfläche mit Orgaboard

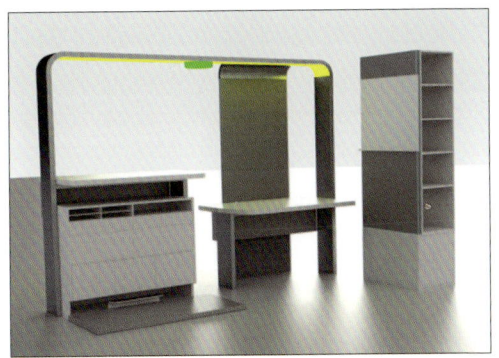

Abb. 2.10   Steh- und Sitzarbeitsfläche mit Orgaboard unter der Steharbeitsfläche und vertikal gestaltetem Orgaboard rechts neben der Sitzarbeitsfläche

Bei einem Benutzerwechsel werden sie auf die Körpermaße des neuen Benutzers eingestellt. Eine ständige Höhenverstellung ist nicht erforderlich, denn die Arbeit kann jederzeit auf der anderen Arbeitsfläche fortgesetzt werden.

Die beiden im Winkel aufgestellten Arbeitsflächen begrenzen, gemeinsam mit dem Orgaboard, den Bewegungsraum. Jede andere Anordnung, z. B. eine lineare, ist jedoch ebenso möglich (Abb. 2.8).

Da die einzelnen Arbeitsflächen flexibel im Raum angeordnet werden können, ist der Platzbedarf eines Active Office Arbeitsplatzes generell nicht größer als bei konventionellen Arbeitsplätzen mit Winkelkombination.

Statt der oftmals üblichen eckigen Form der Arbeitsplatten werden abgerundete Formen verwendet, die den Bewegungsmustern des Körpers entsprechen und Stoßkanten vermeiden.

Das Orgaboard

Das Orgaboard enthält alles, was der Mensch zum Arbeiten benötigt und was ihm privat wichtig ist (Abb. 2.9). Es bietet Organisationshilfen für Termine, Prioritäten, Projekte, etwa je ein Fach für „Hot" und „Cooking", „Heute zu erledigen", „Nächste Besprechung", „Wiedervorlage", „Zum Lesen", „Ablage" etc. Die vorgeschlagene Einteilung kann vom Benutzer jederzeit verändert werden.

Es ist so flexibel gestaltet, dass der Nutzer die für seinen Arbeitsablauf optimale Organisation selbst einrichten kann. Neben den einzelnen Ablagemöglichkeiten enthält es eine „E-Box" (Elektrobox), das heißt die Möglichkeit eine Ladeschale für ein Mobiltelefon oder andere Elektrogeräte anzuschließen, und kann außerdem Fotos, Uhr, Locher, Hefter und alle sonstigen Büroutensilien aufnehmen.

Mehrere unterschiedlich große Schubladen und Fächer bieten Platz für Privatsachen wie Familienfotos, Spiegel, Schminksachen. Ein abschließbares Fach ist ebenfalls integriert für Wertgegenstände. Was fehlt? Die Schublade für Süßigkeiten und Kekse. Dazu mehr in Teil III dieses Buches.

Die äußere Form des Orgaboards kann frei gestaltet werden. Eine vertikale Organisation empfiehlt sich aber, da dadurch weitere Bewegungsmuster, wie in die Knie gehen oder sich strecken, eingesetzt werden können. Aber auch jede andere Form ist möglich, in Abhängigkeit von den räumlichen Gegebenheiten (Abb. 2.10).

Für den schnellen Zugriff und den perfekten Überblick über alle Vorgänge schlagen wir ein sogenanntes „Classei-Organisationssystem"[9] vor. Es kann jedoch auch jedes andere System verwendet werden.

Der Bewegungsraum

Der Bewegungsraum ist das zentrale Element des Active Office. Er erlaubt es dem Benutzer, den ganzen Tag leicht in Bewegung zu bleiben und spontane, komplexe Bewegungen auszuführen, die intuitiv der Absicht folgen, ein Ziel zu erreichen.

Er kann sich, wie in Abb. 2.9 dargestellt, zwischen den Einrichtungsobjekten des Active Office befinden oder auch längs der in einer Linie verlaufenden Steh- und Sitzarbeitsfläche, wenn das Orgaboard z. B. unter der Steharbeitsfläche angebracht ist, wie in Abb. 2.10 gezeigt.

Der Active Floor

Um den größtmöglichen Nutzen aus den Vorteilen des Bewegungsraums zu ziehen, sollte dieser mit einem Active Floor ausgelegt werden (Abb. 2.11). Im Gegensatz zu einem konventionellen Fußbodenbelag ist dieser so gestaltet, dass über die Fußsohlen unerwartete Reize an den Körper weitergeleitet werden. Er hat die Aufgabe – so wie bei einem Waldspaziergang – spontane, komplexe Reaktionen beim Gehen auszulösen.

Das Gehen auf ebenen, gleichförmigen, harten Böden wie in der Fußgängerzone oder im Büro kommt in der Natur nicht vor. Es versorgt die Rezeptoren an der Fußsohle und damit über afferente Nervenbahnen[10] das zentrale Nervensystem mit immer gleichen, einförmigen Informationen. Dies stumpft ab wie Fließbandarbeit und macht den Geist müde.

---

9   http://www.classei.de/, Classei: wirklich effiziente Ordnung für das Büro von heute und morgen!

10   Mit „afferenten" Nervenfasern bezeichnet man solche Fasern, die Informationen von den Rezeptoren in der Peripherie zum Zentralnervensystem leiten. „Efferente" Nervenfasern leiten Nervenimpulse in die Gegenrichtung, zur Peripherie.

Beim Gehen auf einem Waldboden bleiben jedoch die Rezeptoren (im Besonderen die für die Eigenwahrnehmung zuständigen Propriozeptoren, s. Kap. 1.2.) aktiv, denn afferente und efferente Nervenbahnen werden ständig in Anspruch genommen. Das Gehen auf dem Fußboden muss also unerwartete Reize an das Zentralnervensystem und das Gleichgewichtsorgan bewirken. Dadurch bleiben beide alert und reaktionsfreudig. Der Mensch wird nicht so schnell müde.

Auch die taktilen Reize über die Fußsohle sind wichtig, denn sie aktivieren die Reflexzonen. Dies funktioniert natürlich am besten barfuß, auf jeden Fall ohne festes Schuhwerk, doch ist uns bewusst, dass dies in einer Büroumgebung großteils schwer umzusetzen sein wird.

Der größte Vorteil eines Active Floor ist aber die Verletzungsprävention. Ein während des Tages gut aktivierter Körper reagiert im Ernstfall wesentlich besser und schneller als ein System, das den ganzen Tag nicht gefordert wurde. In diesem Zusammenhang ist eine Studie interessant, die die Sturzhäufigkeit bei verschiedenen Berufsgruppen untersucht hat. Das bemerkenswerte Ergebnis: Vor Stürzen am besten gefeit sind Kindergärtnerinnen. Denn sie sind es gewohnt, den ganzen Tag über herumliegende Gegenstände zu steigen und dabei das Gleichgewicht nicht zu verlieren. Sie sind darauf trainiert zuerst hinzuschauen, wo sie hintreten, und tun dies automatisch auch aus den Augenwinkeln.

Menschen dagegen, die daran gewöhnt sind, dass für sie alles aus dem Weg geräumt und jede potenzielle Stolperfalle beseitigt wurde, und die den ganzen Tag auf ebenen, eintönigen Böden gehen, haben ein wesentlich höheres Sturzrisiko. Auch die Fähigkeit, nicht zu stürzen, muss trainiert werden.

Wie schon erwähnt, erzielt man den bestmöglichen Effekt, wenn man den Active Floor ohne Schuhe benutzt. Zumindest sollte die Schuhsohle so weich und elastisch sein, dass man die Reize des Active Floor durch diese spürt. Schuhe mit Absätzen mit geringer Auflagefläche

Abb. 2.11   Stehen mit Fußmatte von Airex

oder Bleistiftabsätze sollten auf einem Active Floor dagegen nicht getragen werden. Sie würden ihn beschädigen.

Der Arbeitsstuhl

Da an keiner der beiden Arbeitsflächen über einen längeren Zeitraum hinweg verweilt werden soll, muss ein leichter und schneller Wechsel zwischen Sitz- und Steharbeitsfläche möglich sein. Dafür muss der Arbeitsstuhl im Active Office folgenden Anforderungen gerecht werden:

- Der Arbeitsstuhl muss auf einer Feder gelagert sein und beim Einschwingen einen Impuls geben, der ein schnelles, leichtes Aufstehen bewirkt. Ebenso muss er beim Hinsetzen weich einschwingen. Dies ernährt die Bandscheiben.
- Der Arbeitsstuhl muss sich den Bewegungen des Benutzers anpassen, und nicht der Benutzer an die vom Stuhl vorgegebene Synchronmechanik. Das stellt eine Umkehrung des geltenden Sitzparadigmas dar, nach dem sich der Mensch dem Stuhl anpassen muss.

- Der Benutzer sitzt im labilen Gleichgewicht und muss seine Haltung ständig leicht korrigieren. Dadurch sind die Muskelketten von den Füßen bis zum Kopf stets leicht in Aktion wie beim aufrechten Gang. Durch diese Ausgleichsbewegungen wird die Muskulatur gut mit Sauerstoff und Nährstoffen versorgt, Stoffwechselendprodukte werden abtransportiert, es kommt weder zu Verspannungen noch zur Ermüdung.
- Die gelenkige Lagerung des Stuhls muss bodennah erfolgen, damit im Übergang vom Kreuzbein zur Lendenwirbelsäule keine Knickbelastungen auftreten können, die die Bandscheiben übermäßig belasten.

Da sich der aktiv dynamische Bürostuhl den Bewegungen des Benutzers anpasst, werden Zwangshaltungen vermieden. Das Sitzparadigma wurde umgekehrt: *Der Stuhl passt sich dem Menschen an, nicht der Mensch dem Stuhl.*

Konventionelle Arbeitsstühle nach DIN 1335 Teil 1–3[11] erfüllen diese Anforderungen nicht (Abb. 2.12). Ihre Sitze sind starr und folgen nicht den Bewegungsmustern des Menschen, der darauf

---

11   In Deutschland verbindliche Industrienorm für Büroarbeitsstühle. Entspricht ein Bürostuhl nicht dieser Norm, so wird dies von der Berufsgenossenschaft moniert und der Arbeitgeber dazu aufgefordert DIN-gerechte Arbeitsstühle anzuschaffen. Die meisten Arbeitgeber befolgen dann diese Aufforderung, weil sie Probleme mit der Berufsgenossenschaft vermeiden wollen. Tatsächlich ist die Rechtslage aber so, dass der Arbeitgeber, in sorgfältiger Abwägung des Für und Widers und in Zusammenarbeit mit den im Unternehmen für die Gesundheit und die Sicherheit der Mitarbeiter zuständigen Gremien wie dem Betriebsarzt, dem Sicherheitsingenieur, dem Gesundheitsmanager und dem Betriebsrat darüber bestimmt, welche Arbeitsmittel den Mitarbeitern zur Verfügung gestellt werden. Entscheidet sich der Arbeitgeber für Arbeitsmittel, die nicht der DIN entsprechen, so hat die Berufsgenossenschaft dies zu akzeptieren.

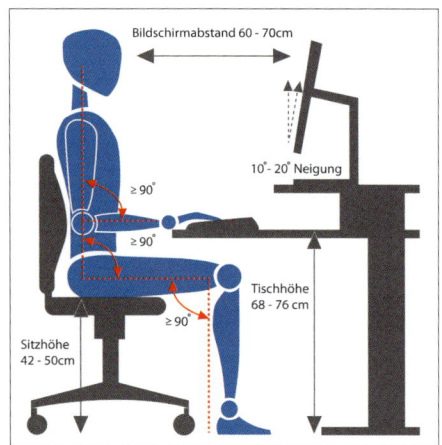

Abb. 2.12   Idealisierte Sitzhaltung nach DIN

Abb. 2.13   Tatsächliche Sitzhaltung

sitzt. Sie bewegen sich lediglich entlang der von der Synchronmechanik vorgegebenen Kurve, die mit den natürlichen Bewegungsmustern des Menschen nichts gemein hat, eher mit dem monotonen, einförmigen Bewegungsablauf bei Fließbandarbeit. Becken, Rücken und der gesamte Mensch können sich nicht wirklich bewegen, weil der starre Sitz keine Bewegungen mitmacht. Die Folge sind Zwangshaltungen, Bandscheibenprobleme, Verspannungen und Rückenschmerzen.

Bei der Arbeit am Schreibtisch muss der Abstand zwischen der sogenannten Lasteintragung auf der Sitzfläche und der Arbeitsfläche am Schreibtisch überbrückt werden. Dies geschieht konventionell durch Vorbeugen, um den Kopf und die Augen entweder über die Schreibunterlage oder in die Nähe des Bildschirms zu bringen. Bei Verwendung eines starren Bürostuhls kann das Becken seine Position nicht verändern, und man überbrückt den Abstand, indem man den Rücken unnatürlich nach vorne krümmt (Abb. 2.13 und Abb. 2.14).

Unsere Bandscheiben sind für eine derartige Belastung nicht gebaut. Sie benötigen zu ihrer Versorgung mit Nährstoffen eine Be- und Entlastung wie beim Laufen, Gehen, Springen und bei abwechslungsreicher Bewegung. Dabei kommt es zu einem Durchwalken oder Kneten der Bandscheiben, was deren Stoffwechsel fördert. Dieser natürliche Prozess findet aber beim starren Sitzen nicht statt.

Die am wenigsten belastende sogenannte Neutral-Null-Stellung der Wirbelsäule, die geschwungene S-Form, kann auch beim Sitzen aufrechterhalten werden, allerdings nur dann, wenn sich der Stuhl den Bewegungen des Menschen anpasst (Abb. 2.15). Dazu muss er so konstruiert sein, dass er jeder Bewegung des Beckens leicht folgen kann. Einseitige Belastungen der Bandscheiben und Zwangshaltungen über Stunden werden vermieden.

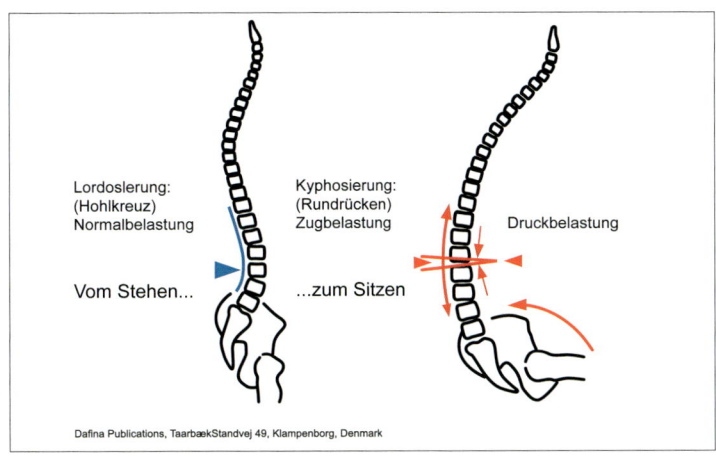

Abb. 2.14 Form der Wirbelsäule beim Stehen und beim vorgebeugten Sitzen, nach Mandal 1987

Dabei ist zu beachten, dass tatsächlich der Sitz den Bewegungen des Körpers folgt und sich nicht nur die Sitzfläche bewegt und ein Kippen des Beckens ermöglicht.

Letzteres wird bei konventionellen Bürostühlen meist durch ein Gummigelenk unter der Sitzfläche erreicht, sodass der Drehpunkt des Sitzes direkt unter der Sitzfläche liegt. Dies hat eher nachtei-

Abb. 2.15 Sitzpositionen

lige Effekte für den Benutzer. Ist er nicht in der Lage, in der Lendenwirbelsäule sehr gut muskulär zu stabilisieren, läuft er Gefahr, damit seine Bandscheiben zu schädigen. Der Grund liegt darin, dass wegen der starren Unterkonstruktion der Körperschwerpunkt immer an der gleichen Stelle verharrt und lediglich das Becken gekippt wird. Der Sitz passt sich nicht den Bewegungen des Körpers an, sondern dem Becken wird ein Bewegungsspielraum, nämlich ein Kippen, ermöglicht (Abb. 2.16). Dies entspricht nicht den Bewegungsmustern aus der Natur des Menschen und führt zu einer unnatürlichen Belastung der Bandscheiben im Bereich der Lendenwirbelsäule.

Für die Verwendung in einem Active Office sollte der Arbeitsstuhl auf einer Feder gelagert sein, die vertikales Schwingen ermöglicht. Dafür gibt es zwei Hauptgründe:

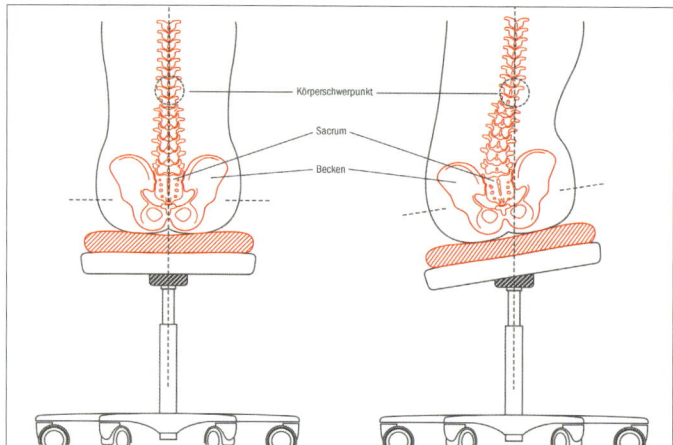

Abb. 2.16   Kippen des Beckens bei Anordnung eines Gelenks unterhalb der Sitzfläche

1.   Die natürliche Bewegung des Menschen wie beim Gehen und Laufen, nämlich die vertikale Be- und Entlastung der Wirbelsäule und der Bandscheiben sowie des gesamten Körpers mit seinen inneren Organen, wird auf diese Weise auch beim Sitzen ermöglicht.

Dadurch stellen sich vielfältige für den Menschen positive Wirkungen ein:

- Das Zwerchfell ist frei, die Atmung tiefer, dadurch ist
- die Sauerstoffsättigung des Blutes höher und damit die Funktion des Gehirns verbessert.
- Der Kreislauf und die Mikrozirkulation werden durch die zusätzliche Bewegung angeregt und bleiben in Schwung.
- Unsere inneren Organe können ihre Funktion besser ausführen, wenn sie sich bewegen.
- Der Mensch ist leistungsfähiger und fühlt sich besser.
- Er ist aufmerksamer und kann sich besser konzentrieren (wichtig für Schaltwarten und Nachtschicht!).
- Er ermüdet nicht so schnell.

2.   Das weiche, vertikale Schwingen, das Hinsetzen und Aufstehen machen richtig Spaß. Beim Hinsetzen federt man angenehm ein und genießt das Schwingen und Nachschwingen mit seinem ganzen Körper. Beim Aufstehen federt man vorher ein und lässt sich durch den Impuls der Federkraft hochschnellen. Dadurch wird der Wechsel zwischen den Arbeitspositionen im Stehen und im Sitzen zu einer freudigen Gewohnheit. Man muss sich nicht erst dazu überwinden, die Position zu wechseln, sondern tut dies gerne und genießt den Wechsel und die unterschiedlichen Bewegungsmuster.

Abb. 2.17 Gesund Sitzen und Arbeiten im Büro

Die Stehhilfe

Seit der Entwicklung des aufrechten Gangs, in dem Zeitraum von vor etwa fünf bis vor zwei Millionen Jahren, ist der Mensch, wenn er nicht geschlafen hat, entweder gelaufen, gegangen, gestanden oder hat gehockt. Bei Naturvölkern ist Stehen und Hocken auch jetzt noch, neben dem Gehen, die häufigste Körperhaltung (Abb. 2.18 und 2.19).

Abb. 2.18 Naturvölker im Stehen

Abb. 2.19 Naturvölker im Hocken

Noch im Mittelalter hat auch hierzulande die Bevölkerung ihre Arbeit entweder im Stehen oder in der Hocke verrichtet. Die Mittelschiffe der Kirchen waren leer und dienten den liturgischen Handlungen. Die Gläubigen standen in den Seitenschiffen. Auf öffentlichen Plätzen und bei der Arbeit haben die Menschen großteils gestanden, allerdings nicht an einem Fleck, sondern sie haben sich bewegt. An das Stehen ist der Mensch deshalb genetisch gut angepasst.

Langes, vor allem einförmiges, unbewegtes Stehen gehört aber genauso wenig zu den natürlichen Bewegungsmustern des Menschen wie unbewegtes Sitzen und ist deshalb auf Dauer auch nicht zu empfehlen. Gelenke und Bänder werden dadurch überbelastet und reagieren mit Schmerzen. Sie sind, wie alles an unserem Körper, dafür geschaffen, sich zu bewegen.

Die Lösung heißt: aktiv dynamisches Stehen als Alternative zum aktiv dynamischen Sitzen (Abb. 2.20). Deshalb ist eine solche aktiv dynamische Stehhilfe ebenfalls Bestandteil des Active Office.

Sie bietet einerseits eine Entlastung für die Beine und kommt durch ihre Konstruktion dem Bewegungsmuster beim Gehen sehr nahe. Wie bei einem aktiv dynamischen Bürostuhl sitzt man auch auf ihm im „labilen Gleichgewicht", wodurch die einzelnen Muskelgruppen von den Füßen bis zum Kopf ständig angesprochen werden, um die Balance zu halten. Ähnlich wie beim aufrechten Gang wird durch das ständige Austarieren das Gleichgewichtssystem angeregt und damit die Funktion des Gehirns unterstützt.

Wie beim Gehen pendelt der Benutzer um die Vertikale, und Becken, Hüft-, Knie- und Fußgelenke sowie die Wirbelsäule und damit der gesamte Körper sind stetig leicht in Bewegung.

Abb. 2.20   Häufiger Haltungswechsel

Durch die große Freiheit der Bewegungsmuster werden Zwangshaltungen vermieden. Die Stehhilfe muss so gestaltet sein, dass sie einerseits Bewegung zulässt, andererseits aber auch einen sicheren Halt gewährleistet. Ihre Benutzung ist optional. Deshalb ist es vorteilhaft, wenn sie einen Griff besitzt, damit man sie ohne großen Aufwand wegstellen oder herbeiholen kann.

Um die Bewegungsmuster im Stehen möglichst abwechslungsreich zu gestalten, sollte im Active Office eine *Fußstütze* als Option nicht fehlen. Stellt man ein Bein auf die Fußstütze, ändern sich die Beckenstellung und damit die Belastungsvektoren im ganzen Körper. Der Lendenwirbelbereich wird entlastet, was jeder z. B. beim Bügeln leicht selbst ausprobieren kann.

Was passiert dabei? Das Gewicht wird zum Teil auf das andere Bein verlagert, Hüft-, Knie- und Fußgelenke ändern ihre Winkel, das Becken wechselt seine Position mit Auswirkungen auf das Iliosakralgelenk und die Stellung der Wirbelsäule. Faszien, Bänder, Sehnen und Muskeln werden auf eine neue Art belastet, Propriozeptoren und andere Rezeptoren melden die neuen Anforderungen an das vestibuläre System und das Zentralnervensystem. Diese senden an den Körper die nötigen Informationen, um das Gleichgewicht aufrechtzuerhalten.

Insgesamt sind das alles für den Körper positive Signale, die längeres Stehen abwechslungsreicher und gesünder machen. Eine Fußstütze sollte also bei der Arbeit im Stehen nicht fehlen. Sie sollte aber vorzugsweise nicht starr, sondern wie Sitz- und Stehhilfe ebenfalls aktiv dynamisch gestaltet sein, das heißt flexibel, wodurch sie Halt bietet und trotzdem zusätzliche Anforderungen an das Gleichgewichtssystem stellt.

In Abb. 2.21 und Abb. 2.22 ist der Prototyp einer aktiv dynamischen Fußstütze zu sehen.

Abb. 2.21   Arbeiten mit flexibler Fußstütze

Abb. 2.22   Arbeiten am „muvman" mit flexibler Fußstütze

Einen besonderen Anreiz bekommt das vestibuläre System, wenn der Büroarbeiter auf einem *muvman* im labilen Gleichgewicht sitzt und die Beine auf einer aktiv dynamischen, flexiblen Fußstütze abstützt. Bewegung lässt sich dann nicht mehr vermeiden.

Zentraler Computerblock

Beide Arbeitsflächen benötigen einen EDV-Anschluss. Die Entfernung zum Arbeitsplatzcomputer oder Laptop darf also nicht zu groß sein. Deshalb bietet es sich an, zwischen den beiden Arbeitsflächen den zentralen Computerblock zu positionieren (Abb. 2.23).

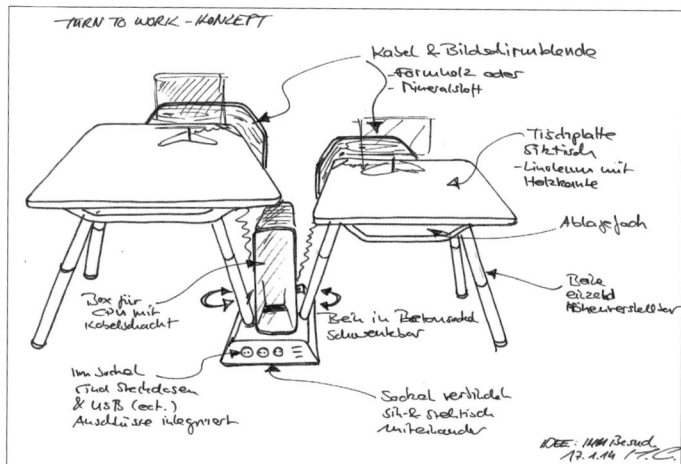

Abb. 2.23 Turn-to-Work-Konzept mit zentralem Computerblock

Dieser enthält eine Steckdosenleiste, den Arbeitsplatzcomputer mit Bildschirmweiche, wenn erforderlich noch Zusatzgeräte wie Lautsprecher, externe Festplatte etc., und den Telefonanschluss.

Telefoniert man über den Computer, so befindet sich nur das Headset auf dem zentralen Computerblock oder konventionell der Telefonapparat, aber ebenfalls mit Headset, für die zusätzliche Bewegungsfreiheit.

Durch die zentrale Aufstellung zwischen den Arbeitsflächen kann man sowohl im Sitzen als auch im Stehen gut auf das Telefon/Headset zugreifen. Jedes Mal beim Telefonieren ist zusätzliche Bewegung erforderlich.

Abb. 2.24   Zentraler Computerblock

Die Active Office Software

Die dem Active Office zugrunde liegende Idee ist, in Bewegung zu bleiben. Wenn man aber voll konzentriert in seine Arbeit vertieft ist, vergeht die Zeit wie im Flug, und man wundert sich, dass man schon wieder stundenlang starr gesessen und angespannt auf den Bildschirm geblickt hat. Höchstens der schmerzende Rücken und die steifen Glieder erinnern einen daran.

Damit dies nicht mehr vorkommt, haben wir die *Active Office Software* entwickelt, die folgende grundlegende Funktionen besitzt:

- Sie unterstützt dabei, die Arbeit „in Bewegung" durchzuführen und die Möglichkeiten des Active Office *aktiver* zu nutzen (unter anderem durch Anregung zum Bildschirmwechsel) und
- sie dient der Kontrolle, Steuerung und Auswertung des persönlichen Bewegungsverhaltens.

Bildschirmwechsel

In einem Fenster, das bei Bedarf aufgerufen werden kann, legt der Benutzer die Parameter fest, die bestimmen, wann, wie oft und in welcher Form er von der Software auf sein Bewegungsverhalten hingewiesen werden soll. Diese Parameter kann er jederzeit abändern oder das Fenster ausblenden. Der Benutzer bestimmt also selbst, inwieweit er eine Steuerung bzw. Verhaltens- und Gesundheitshinweise durch die Software wünscht oder nicht. Damit ist es dem Büroarbeiter freigestellt, sein Verhalten zu ändern, um einen höheren gesundheitlichen Nutzen aus dem Active Office zu ziehen, oder auch nicht.

Ganz allgemein sollte man ein und dieselbe Haltung im Büro nicht länger als 10 bis maximal 20 Minuten unverändert beibehalten. Dann ist ein Positionswechsel angebracht. Besser ist es, man bewegt sich ständig, doch dies ist nicht immer möglich. Wählt man z. B. für die Verweildauer in einer Arbeitshaltung den Zeitraum von 20 Minuten, so wechselt der Bildschirminhalt nach 20 Minuten automatisch von der Sitzarbeitsfläche zur Steharbeitsfläche oder umgekehrt.

Wir empfehlen, für diesen Bildschirmwechsel ein Intervall zwischen 10 und 20 Minuten einzustellen. Alternativ kann man auch nur einen optischen oder akustischen Hinweis auf die zu lange Verweildauer wählen oder diese Funktion ganz ausschalten. Davon raten wir aber ab, denn nachdem der Wechsel der Arbeitshaltung durch den aktiv dynamischen Bürostuhl und den Impuls durch seine Feder eher ein Vergnügen ist, wird man diesen gerne durchführen.

Befinden sich die Bildschirme im „Duplicated-Screen-Modus", zeigen sie also den gleichen Inhalt an, wird entweder der Bildschirm, von dem gewechselt werden soll, dunkel geschaltet oder man erhält einen Hinweis zu wechseln (Abb. 2.25). Befinden sie sich im „Extended-Screen-Modus", zeigen sie also unterschiedliche Bildschirminhalte an, wechseln die Inhalte der beiden Bildschirme (Abb. 2.26).

Alternativ kann man einen Arbeitsplatzwechsel auch ohne die Unterstützung der Software dadurch herbeiführen, dass man an den beiden Bildschirmen unterschiedliche Aufgaben erledigt: So kann man z. B. an der Steharbeitsfläche E-Mails bearbeiten, deren Anhänge beim Öffnen auf dem Bildschirm der Sitzarbeitsfläche angezeigt werden.

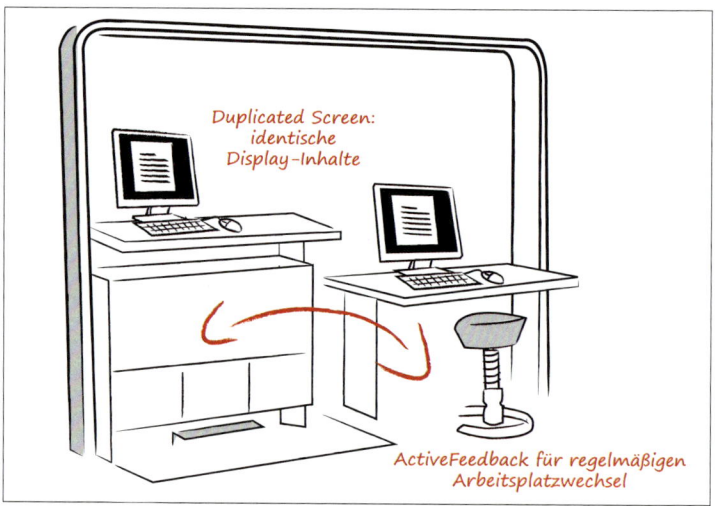

Abb. 2.25   Duplicated Screen

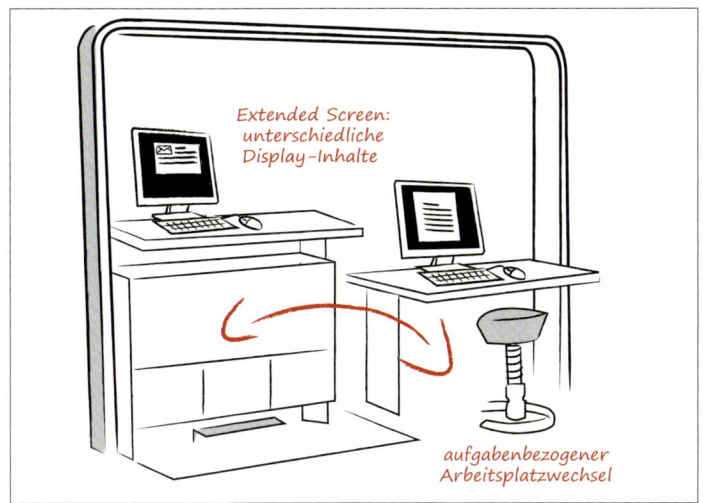

Abb. 2.26 Extended Screen

Kontrolle, Steuerung und Auswertung des persönlichen Bewegungsverhaltens

Die *Active Office Software* misst das Bewegungsverhalten über Sensoren, die unter der Steh- und Sitzarbeitsfläche angebracht sind und die die Bewegungen des Benutzers aufzeichnen. Sie können erkennen, ob jemand an der Steh- oder an der Sitzarbeitsfläche arbeitet oder ob er sich im Bewegungsraum bewegt oder nicht an seinem Arbeitsplatz anwesend ist.

Die Active Office Software zeichnet dies auf und errechnet daraus ein Bewegungsprofil, das – wenn gewünscht – abgerufen werden kann oder den Benutzer an einen Haltungswechsel erinnert. Um nicht das Gefühl aufkommen zu lassen, von einer Software „gegängelt" zu werden, bestimmt der Nutzer selbst, ob, auf welche Art und Weise und wie oft er erinnert werden möchte. Er kann diese Funktion auch ganz ausschalten. Das Bewegungsprofil wird trotzdem aufgezeichnet.

Folgende Daten werden erfasst:

- Häufigkeit der Positionswechsel
- Intervalle zwischen den Positionswechseln
- Nutzungsdauer der einzelnen Arbeitsflächen
- Nutzung des Bewegungsraumes

Daraus errechnet die Software ein individuelles Bewegungsprofil des Benutzers und stellt ihm dieses in Form eines einfachen Index zur Verfügung. Es zeigt an, ob der Nutzer „im Soll" liegt, darunter oder darüber. Ob er sein Verhalten ändert oder nicht, entscheidet dieser dann selbst. Der Sollwert errechnet sich aus dem Alter, der Größe, dem Gewicht, dem Geschlecht und einem Aktivitätsniveau, das der Benutzer für sich selbst als Vorgabe wählen kann. Der Bewegungsindex zeigt dem Benutzer an, ob seine Arbeitsweise für seine Gesundheit förderlich ist oder nicht.

Diese Software wird in Zusammenarbeit mit Prof. Dr. Michael Haller und seinem Team an der Fachhochschule Oberösterreich, der Fakultät für Informatik, Kommunikation und Medien[12], sowie mit Prof. Dr. Andreas Schrempf an der Fakultät für Gesundheit und Soziales[13], im Rahmen eines Förderprogramms der Österreichischen Forschungsförderungsgesellschaft (FFG) entwickelt.

Selbstverständlich ist es auch möglich, einen Active Office Arbeitsplatz ohne die Active Office Software zu verwenden. Die Rückmeldungen der Software dienen dem Benutzer jedoch dazu, seine Leistungsfähigkeit, Arbeitseffizienz, Lebensqualität und gesundheitliche Situation zu optimieren, und helfen ihm deshalb, den bestmöglichen Nutzen aus der Verwendung des Active Office Arbeitsplatzes zu ziehen.

Whiteboard (Option)

Wer sein Bewegungsspektrum noch um eine Dimension erweitern möchte, arbeitet zusätzlich an einem (interaktiven) Whiteboard (Abb. 2.27). Diese dritte Arbeitsfläche kann ergänzend als Eingabemedium oder als Präsentationstool genutzt werden. Durch sein großflächiges Design bewegt sich der Benutzer wie an einer Tafel in der Schule. Neue, zusätzliche Bewegungsmuster werden aktiviert, ganz im Sinne des Grundgedankens des Active Office.

Ein interaktives Whiteboard besteht aus einer Projektionsfläche, die in Kombination mit einem Projektor direkt an den Arbeitsplatzcomputer oder Laptop angeschlossen werden kann. Auf der Whiteboard-Oberfläche kann sowohl mit herkömmlichen Whiteboard-Markern geschrieben als auch mit digitalen Stiften interagiert werden. Alles was der Nutzer mit dem digitalen Stift schreibt, zeichnet oder eingibt, wird in Echtzeit an den Computer übertragen und kann so

---

12 Fachhochschule Oberösterreich, Fakultät für Informatik, Kommunikation und Medien, Media Interaction Lab, Upper Austria University of Applied Sciences, Hagenberg – Austria, Softwarepark 35, 4232 Hagenberg im Mühlkreis, Österreich, Tel.: +43 7236 33430, www.fh-ooe.at

13 Fachhochschule Oberösterreich, Fakultät für Gesundheit und Soziales, Medical Technology, FH OÖ – University of Applied Sciences Upper Austria, Garnisonstraße 21, 4020 Linz, Österreich, Tel.: +43 50 80450, www.fh-ooe.at

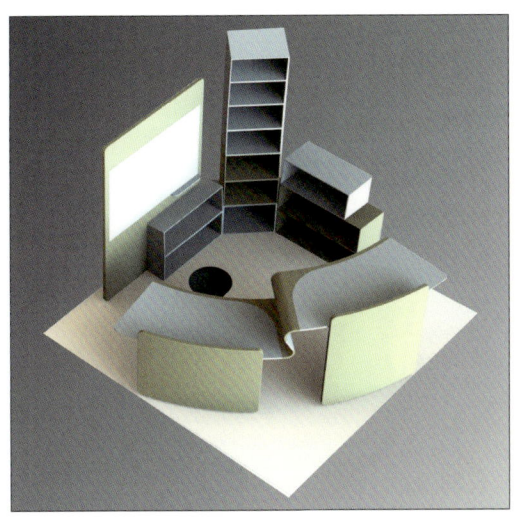

Abb. 2.27 Whiteboard am Orgaboard befestigt

einfach weiterbearbeitet werden. Der Projektor fungiert wie ein zusätzlicher Bildschirm, auf dem Bildschirminhalte dargestellt und bearbeitet werden können (Abb. 2.28). Bildschirminhalte können zwischen dem Whiteboard und den Bildschirmen am Steh- und Sitzarbeitsplatz hin- und hergezogen werden. Fast alle Tätigkeiten, die man am Bildschirm der Steh- oder Sitzarbeitsfläche ausführt, kann man auch am Whiteboard erledigen. Dies schafft eine neue Dimension der Bewegung!

Besonders gut geeignet ist das Whiteboard als Organisations- und Kreativitätstool. Durch die große Fläche können darauf Abläufe, Organigramme oder Mindmaps gut dargestellt werden. Es ist auch als Zeichentool mit den üblichen Funktionen der Grafik- und Farbgestaltung oder

Abb. 2.28 Prototyp Installation „Active Office" mit Whiteboard in Hagenberg

für Brainstorming-Sessions ein wertvolles Hilfsmittel. Ein besonderer Vorteil liegt außerdem darin, dass mehrere Personen gemeinsam oder mehrere Benutzer an verschiedenen Arbeitsplätzen gleichzeitig an einem interaktiven Whiteboard arbeiten können (Abb. 2.29). Es kann „ge-shared" werden.

Abb. 2.29 The NICE Discussion Room: Beispielhafte Verwendung von drei nebeneinander geschalteten Whiteboards, Media Interaction Lab in Hagenberg

Kommunikationsindikator (KOMI)

Kennen Sie das? Sie kommen voll Energie ins Büro und haben sich fest vorgenommen, einen wichtigen Brief gleich früh morgens zu schreiben. Doch kaum haben Sie sich an die Arbeit gesetzt, klingelt das Telefon. Nachdem Sie aufgelegt haben, kommt eine Kollegin mit einer dringenden Frage in Ihr Büro. Die Klärung der Angelegenheit dauert leider etwas länger, als ursprünglich gedacht. Anschließend müssen Sie in eine Besprechung.

Nachdem Sie zurück sind, schauen Sie nur schnell Ihre E-Mails durch, es könnte ja etwas Wichtiges dabei sein, was sofort erledigt werden muss. Es sind mehrere wichtige E-Mails in Ihrem Postfach und die Bearbeitung dauert etwas länger als gedacht. Um einige zu beantworten, müssen Sie noch zusätzliche Informationen einholen, telefonieren und im Archiv nachsehen. Dann ist es Mittag. Jetzt lohnt es sich nicht mehr, mit Ihrem Brief zu beginnen, denn bis zum Mittagessen können Sie ihn nicht mehr fertigstellen und Sie wollen die Arbeit daran ja auch nicht unterbrechen. Also gehen Sie zum Essen.

Dort treffen Sie einen Kollegen, den Sie schon seit Monaten nicht mehr gesehen haben und mit dem Sie dringende Dinge zu besprechen haben. Sie genehmigen sich mit ihm gemeinsam noch einen Kaffee in der Cafeteria. Leider hat die Mittagspause deutlich länger gedauert als normal. Bis Sie in Ihr Büro zurückkommen…

Um das Ganze abzukürzen: Am Abend ist der Brief noch immer nicht geschrieben. Sie können heute aber nicht länger bleiben, da Sie Karten für Ihr Theaterabonnement haben. Ihre Frau würde Ihnen das nicht verzeihen. Also machen Sie morgen erneut einen Anlauf, den wichtigen Brief zu schreiben.

Diese Abläufe wiederholen sich in jedem Büro, Tag für Tag, rauben unglaublich viel Energie und erzeugen Frust – das Gegenteil von einem erfüllten Arbeitsleben. Dabei ist es so einfach, dieses ineffektive Muster aus „Konzentrationsaufbau – Störung – erneutem Konzentrationsaufbau – erneuter Störung" zu vermeiden (Abb. 2.30).

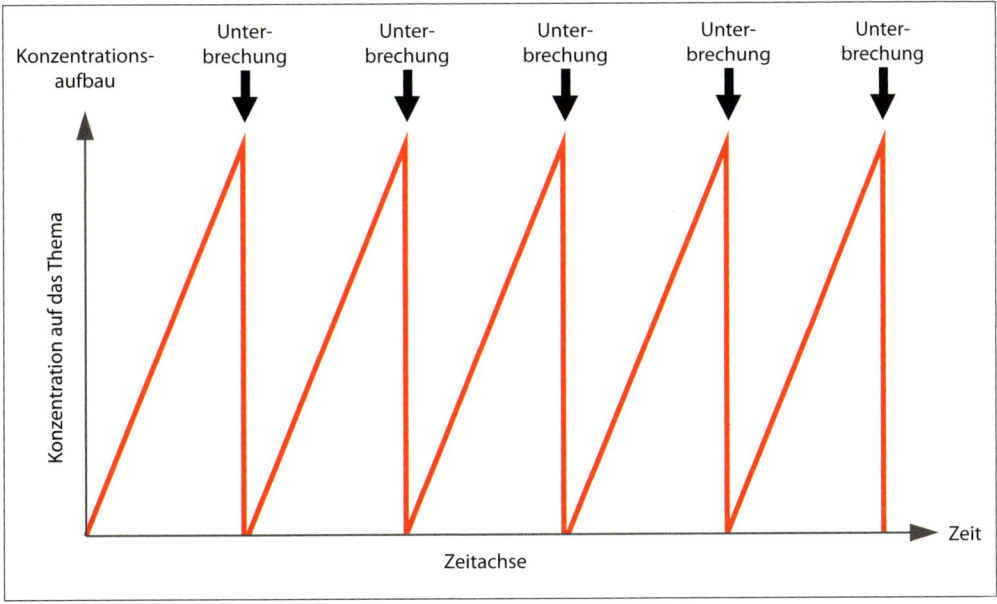

Abb. 2.30 Konzentrationsaufbau und Störung, Illustration

Dafür gibt es den *Kommunikationsindikator* (KOMI). Mit seiner Hilfe können Sie sich vor unliebsamen Störungen schützen. Er erhöht Ihre Arbeitseffizienz und Zufriedenheit und erlaubt Ihnen, Projekte ohne Stress, zu dem vorgegebenen Termin und erfolgreich zu Ende zu bringen. Er funktioniert folgendermaßen:

Der KOMI leuchtet

- *„Grün"*, wenn Sie für eine Kommunikation zur Verfügung stehen (also normalerweise immer).
- *„Rot"*, wenn dies nicht der Fall ist. Nach 20 Minuten (die Zeitspanne ist frei wählbar) schaltet der Komi automatisch wieder auf „Grün".
- *Gar nicht* (er ist ausgeschaltet), wenn der Arbeitsplatz nicht besetzt ist (Mittagspause, Urlaub, Geschäftsreise, in Besprechung etc.).

Der KOMI lässt sich auch mit dem Telefon auf zweifache Weise koppeln:

- Wenn der KOMI „Rot" anzeigt, Sie also nicht gestört werden wollen, werden auch Ihre Telefongespräche umgeleitet (entweder an die Zentrale oder auf Ihre Mailbox).
- Wenn Sie telefonieren, schaltet der KOMI automatisch auf „Rot", sodass Sie von Ihren Kollegen nicht angesprochen und während des Telefonats gestört werden. Das ist wichtig, wenn Sie mit einem Headset telefonieren, denn dann sieht man nicht, dass Sie mit einem Telefonat beschäftigt sind, denn Sie halten ja keinen Hörer in der Hand.

Lampe

Der KOMI besteht aus einer einfachen Lampe, die mit LEDs bestückt ist. Die LEDs können in den Farben „Grün", „Rot", optional auch „Orange", leuchten oder auch blinken. Die Lampe besitzt einen Empfänger für Bluetooth-Signale. Die Stromversorgung geschieht über eine Batterie oder einen wiederaufladbaren Akku. Die Lampe wird mit einem doppelseitigen Klebeband dort befestigt, wo sie am besten zu sehen ist, beispielsweise

- am Türrahmen bei einem Einzelzimmer (Abb. 2.31),
- rechts und links am Türrahmen bei einem Zimmer mit zwei Arbeitsplätzen,
- über dem jeweiligen Arbeitsplatz im Großraumbüro wie an der Arbeitsplatzleuchte oder an einer prominenten Stelle über dem Arbeitsplatz,
- oben auf dem Bildschirm (Abb. 2.32).

Abb. 2.31   Beispiel für die Anbringung des KOMI am Türrahmen

Abb. 2.32   Beispiel für die Anbringung des KOMI am Bildschirm

Bedienung

Der KOMI lässt sich auf folgende Weise bedienen:

- Manuell mit einem Schalter
- Mit einem Mausklick in einem Fenster am Bildschirm
- Mit einer Tastenkombination
- Mit einer Kombination dieser Möglichkeiten

Ist der KOMI in einem Großraumbüro am Arbeitsplatz z. B. oben an der Säule der Arbeitsplatzleuchte angebracht, sieht man schon von Weitem, ob ein Kollege „frei" ist oder nicht. Ist dies nicht der Fall, so kann man den geplanten Besuch auf später verschieben.

Um dem berechtigten Kommunikationsbedarf der Kollegen gerecht zu werden, dürfen die „Rot-Phasen" nicht überhand nehmen. Sie sollten nur in Ausnahmesituationen angewendet werden und nach einer gewissen Periode, die man selbst festlegen kann, automatisch wieder auf „Grün" schalten.

In einer ganz einfachen Version besteht der KOMI nur aus einem roten LED-Leuchtstreifen. Das grüne Licht ist gar nicht erforderlich. Wenn das rote Licht nicht leuchtet, ist man für eine Kommunikation „offen".

Die Funktion des KOMI kann auch erweitert werden, z. B. um ein „rotes Blinken" als Hinweis dafür, dass die „Rot-Phase" bald zu Ende geht, oder um eine Info im persönlichen Kalender, den die Mitarbeiter einsehen können, in dem angegeben ist, wie lange die „Rot-Phase" noch andauert.

Andere Lichtsignale sind prinzipiell auch möglich, z. B. „Orange" für Perioden, in denen man nur wegen wirklich wichtiger Dinge gestört werden möchte – sozusagen für eine „eingeschränkte" Erreichbarkeit.

Die Kreativcouch

Verspüren Sie auch ab und zu die Vorfreude darauf, genüsslich ein Schriftstück zu lesen, einen Vertrag durchzuarbeiten, etwas zu konzipieren, zu korrigieren oder eine Mindmap zu erstellen? Oder wollen Sie sich einfach mal eine kurze Unterbrechung gönnen und regenerieren?

Dann ist die Kreativcouch gerade das Richtige, die sich natürlich auch mehrere Mitarbeiter teilen können (Abb. 2.33, Abb. 2.34). Sitzen Sie, liegen Sie, lümmeln Sie – erlaubt ist, was Ihnen gut tut, solange Sie auch hier nicht zu lange in einer Stellung verharren. Denn eine Couch steht

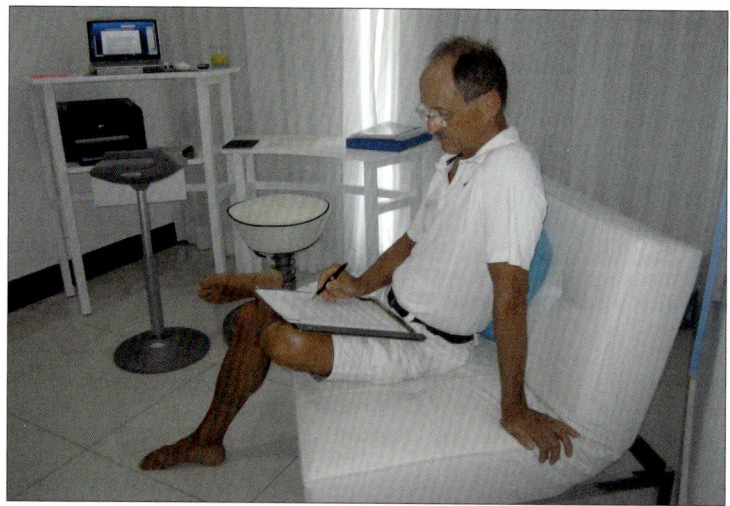

Abb. 2.33   Arbeiten auf der „Kreativcouch" im „Mini-Active Office"

Abb. 2.34 Besprechung
auf der „Kreativcouch"
im „Mini-Active Office"

keineswegs im Gegensatz zum Active Office; sie bietet vielmehr ein weiteres Verhaltensmuster
an. Durch die Organisation Ihrer Arbeit mit dem Orgaboard, Ihren beiden Computerarbeits-
flächen und dem Headset/Telefon auf dem zentralen Computerblock haben Sie gar nicht die
Möglichkeit, lange in einer Entspannungsposition zu verharren, sondern müssen immer wieder aufstehen. Genießen Sie also die kurze Unterbrechung!

2.6. Anordnung der einzelnen Elemente des Active Office

Bei der Anordnung der einzelnen Elemente des Active Office ist man völlig frei. So ist es möglich

- die beiden Arbeitsflächen miteinander zu verbinden, sodass nur ein geringer Abstand zwischen beiden besteht und man im Stehen auch auf den Bildschirm auf der Sitzar-beitsfläche sehen kann, ohne dafür den Arbeitsplatz wechseln zu müssen,

- die einzelnen Elemente getrennt voneinander anzuordnen: im Winkel zueinander, linear oder einander gegenüber,

- das *Orgaboard* gegenüber von den Arbeitsflächen aufzustellen: im Winkel dazu, zwi-schen den Arbeitsflächen oder unter der Steharbeitsfläche,

Abb. 2.35 Flexible Gestaltung und Anordnung der Active Office Elemente

- den *Active Floor* im ganzen Bewegungsraum zu platzieren oder nur vor der Steharbeitsfläche,

- den aktiv dynamischen Sitz mit Rollen auszurüsten oder auch nicht; durch die Fähigkeit des Sitzes weit auszulenken, wodurch der Greifraum erweitert wird, benötigt der aktiv dynamische Sitz eigentlich keine Rollen. Will man an die Steharbeitsfläche oder an das Orgaboard, steht man auf.

Bei der Anordnung der einzelnen Elemente kann man sich flexibel nach den räumlichen Gegebenheiten richten (Abb. 2.35). Einzig wichtig ist, dafür zu sorgen, dass der Bewegungsraum erhalten bleibt. Dieser muss groß genug sein, damit man ihn auch wirklich nutzen kann.

Das Orgaboard kann beispielsweise in der Mitte zwischen den beiden Arbeitsflächen angeordnet sein. Von den Dimensionen her kann es breit oder hoch sein. Es kann auch ein kleines Orgaboard zwischen den beiden Arbeitsflächen und ein größeres gegenüberliegend angeordnet sein.

Abb. 2.36 Anordnung Orgaboard gegenüber den Arbeitsflächen

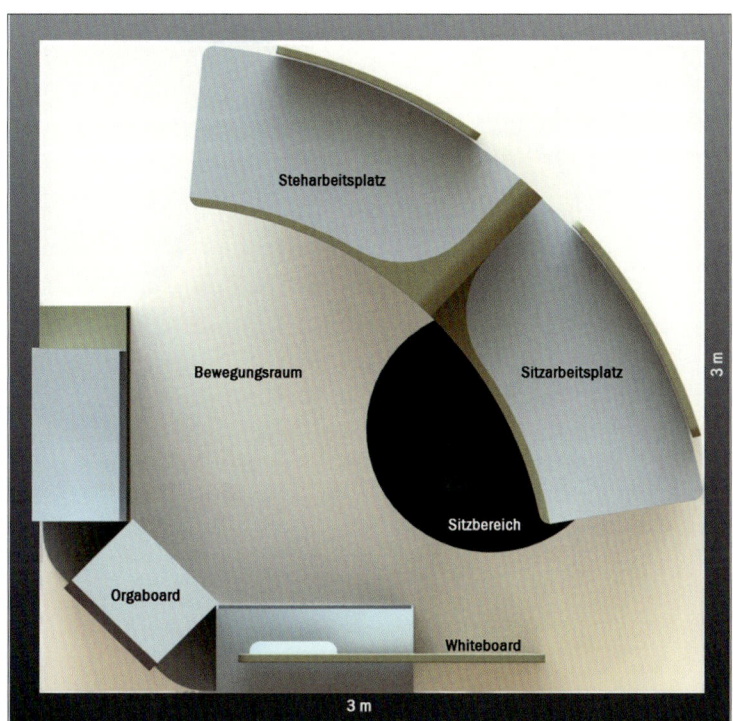

Abb. 2.37 Active Office Arbeitsplatz im Raster von 3 x 3 Metern

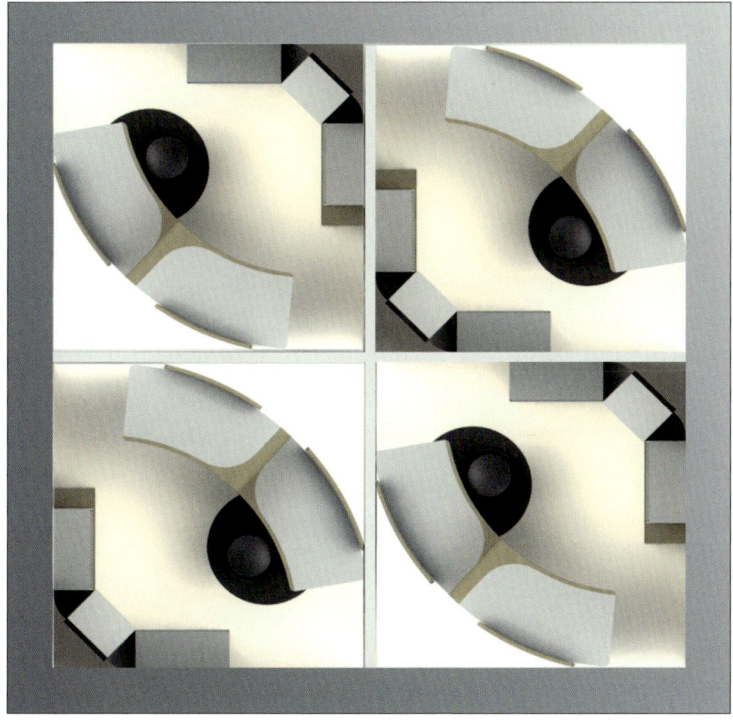

Abb. 2.38 Kombination von Arbeitsplätzen mit quadratischer Grundstruktur, 3 x 3 Meter

In der in Abb. 2.37 dargestellten Anordnung der Elemente eines Active Office Arbeitsplatzes wurde ein Raster von 3×3 Metern zugrunde gelegt. Ein andere Rastermaß (2×4 Meter oder 2,5×2,5 Meter) ist ebenso möglich. Damit ist der Platzbedarf nicht größer als bei einer konventionellen Winkelkombination mit Schrank.

Bei der in Abb. 2.38 dargestellten Kombination von Arbeitsplätzen im Großraumbüro sind Verkehrswege an allen vier Seiten vorgesehen. Je nach Verkehrsfrequenz kann es störend sein, die vorbeigehenden, oft auch miteinander sprechenden oder telefonierenden Personen im Blickfeld zu haben. Deshalb steht es jedem frei, seinen Arbeitsplatz so einzurichten, dass

- beide Arbeitsflächen zu den Verkehrswegen hin ausgerichtet sind,
- nur die Steh- oder Sitzarbeitsfläche zu einem Verkehrsweg ausgerichtet ist oder
- beide Arbeitsflächen zu den Raumteilern hin ausgerichtet sind.

Für die Kombination von Arbeitsplätzen ist auch eine sechseckige Wabenform gut geeignet (Abb. 2.39). Jeweils zwei Arbeitsplätze können dann in einer halben Wabe Platz finden, mit einem Verkehrsweg, der die Wabe in zwei Hälften teilt.

In der Abb. 2.40 ist ein Raumteiler/Schallschutzelement an der Rückseite der Sitz- und Steharbeitsfläche angebracht. Ein zentraler Computerblock befindet sich dazwischen. Viele andere Möglichkeiten der Gestaltung sind jedoch ebenso denkbar. Der Kreativität des Benutzers sind keine Grenzen gesetzt.

Manche Arbeitsplätze benötigen zwei Bildschirme, mit Steh- und Sitzarbeitsfläche also insgesamt vier. Eine derartige Lösung ist in Abb. 2.42 und Abb. 2.43 dargestellt.

Abb. 2.39   Anordnung in sechseckiger Wabenform

Abb. 2.40
Gestaltung mit
Raumteiler/
Schallschutz-
element

Abb. 2.41   Insel-
lösung mit 120 Grad
Winkelanordnung

Abb. 2.42   Arbeit an 4 Bildschirmen im
Steh-Sitzen auf dem muvman, bei aeris

Abb. 2.43   Arbeit an 4 Bildschirmen im
Sitzen auf einem „swopper", bei aeris,

„Mini-Active Office"

Ein Active Office muss nicht immer mit allen elf aufgeführten Elementen ausgestattet sein. Ganz im Gegenteil. Charakteristisch für den Gedanken des Active Office ist, sich bei der Arbeit zu bewegen. Wie das zu erreichen ist, kann man auf vielfältige Weise selbst entscheiden und hängt in erster Linie von den Arbeitsanforderungen ab. Schon ein „Mini-Active Office", wie es Abb. 2.44 bis Abb. 2.47 zeigen, hilft entscheidend dabei.

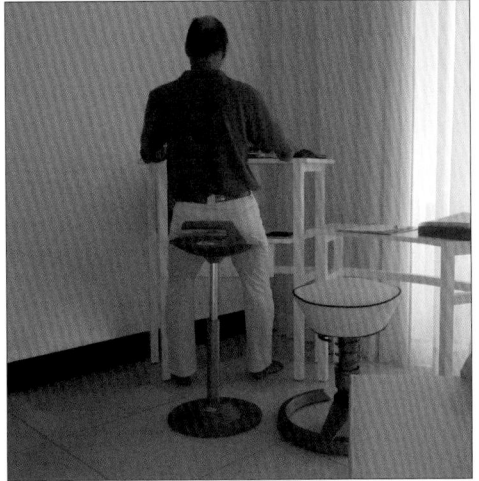

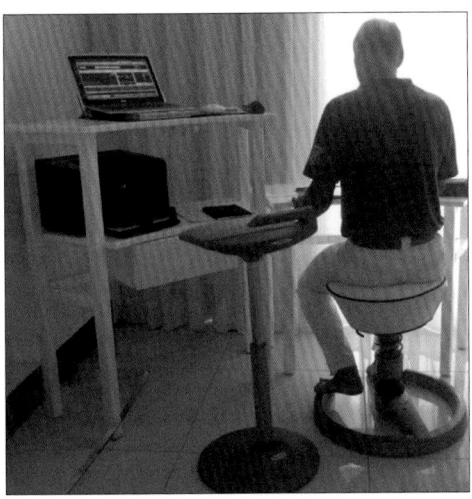

Abb. 2.44   Arbeiten in einem „Mini-Active Office" im Steh-Sitzen auf einem „muvman"

Abb. 2.45   Arbeiten in einem „Mini-Active Office" im Sitzen auf einem „swopper"

2.7.   Ein anderes Arbeiten

Konventionelle Büros sind so organisiert, dass möglichst alle Arbeitsmittel wie Telefon, Tastatur, Maus, Bildschirm, ja sogar Hefter, Locher, Stifte, Ablage und Drucker in Griffweite liegen. Diese Cockpit-Lösungen sind sehr beliebt, weil man damit keine Zeit verliert, auf seine Arbeitsmittel zuzugreifen. Refa[14]-Ingenieure haben dies ausgetestet und wie bei Fließbandarbeit die Zehntelsekunden an Zeit gemessen (Abb. 2.48), die man spart, wenn alles Benötigte griffbereit zur Verfügung steht.

---

14   Verband für Arbeitsgestaltung, Betriebsorganisation und Unternehmensentwicklung (REFA), ursprünglicher Name bei der Gründung 1924: Reichsausschuss für Arbeitszeitermittlung

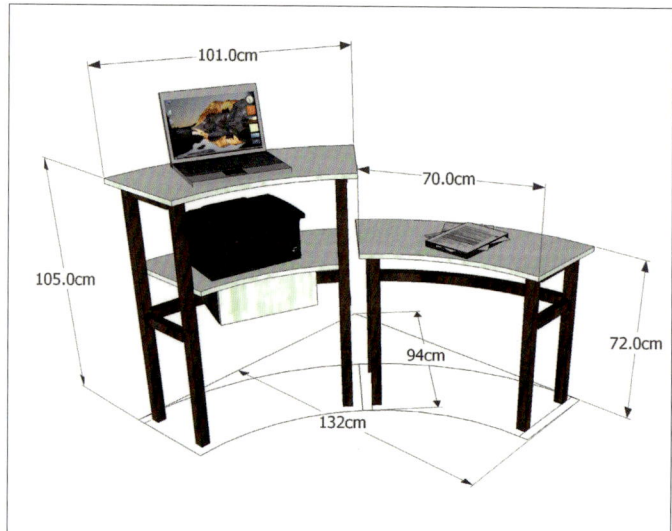

Abb. 2.46   Mögliche
Abmessungen eines
„Mini-Active Office"

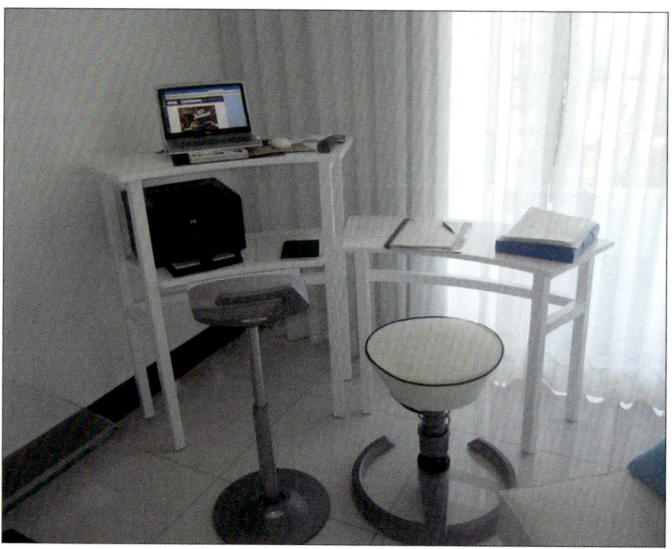

Abb. 2.47   Prototyp eines
„Mini-Active Office"

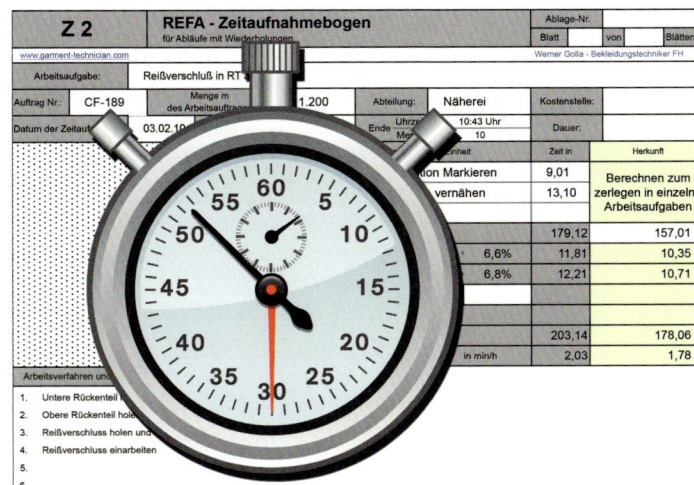

Abb. 2.48 Traditionelle, mechanische Stoppuhr mit einer 100 Hundertstel-Minuten-Skala, vor Zeitaufnahmebogen

Der diesem Konzept zugrunde liegende Gedanke, dass jede Zehntelsekunde an Zeitersparnis beim schnellen Zugriff auf Unterlagen und Arbeitsmitteln, die Leistungsfähigkeit und Effizienz bei der Arbeit erhöht, ist richtig für Maschinen, nicht aber für den Menschen.

Beim Menschen entscheiden physiologische Faktoren über seine Leistungsfähigkeit und sein Wohl-befinden und nicht optimierte Zugriffszeiten.

Wenn sich zusätzliche Bewegungsmöglichkeiten auf den Kreislauf, die Atmung, die Mikrozir-kulation, den gesamten Stoffwechsel und das Wohlbefinden des Menschen positiv auswirken, dann resultiert daraus eine lang andauernde höhere Leistungsfähigkeit.

Dieser Zugewinn an Leistungsfähigkeit ist dabei wesentlich größer als die Erhöhung der Effizi-enz durch schnellere Zugriffszeiten ohne Bewegung. Ein Mensch, der sich nicht bewegt, kann ein hohes Leistungsniveau langfristig nicht aufrechterhalten, weil sein Organismus nicht aus-reichend mit Sauerstoff und Nährstoffen versorgt wird. Ein Mensch mit einer guten Sauerstoff- und Nährstoffversorgung und damit einer gut funktionierenden Physiologie kann dies jedoch durchaus. Um optimale Arbeitsergebnisse zu erzielen, muss der Stoffwechsel des Menschen bestmöglich funktionieren.

Ganz abgesehen davon stellt ein menschengerechter Arbeitsplatz auch eine ethisch grundle-gende Anforderung für Unternehmen dar, die erkannt haben, dass ihre Mitarbeiter ihr wert-vollstes Kapital und letztlich Potenzial sind.

Genetisch gesehen sind wir noch Steinzeitmenschen. Deshalb arbeitet der Mensch dann am besten, wenn er sich, natürlich angepasst an unsere moderne Umgebung, auf die gleiche Art und Weise verhält, wie er dies noch vor 5.000 Jahren getan hat.

Im Einzelnen heißt das,

- intuitive, selbstbestimmte, spontane, abwechslungsreiche Bewegung, ausgeführt mit dem Ziel, ein Bedürfnis zu befriedigen, mit
- komplexen, den ganzen Körper einschließenden Bewegungsmustern.

Das Ziel, während des Tages im Büro in Bewegung zu bleiben, kann nur durch eine andere Organisation der Büroarbeit erreicht werden. Dies kann jeder Einzelne zumindest ein Stück weit selbst umsetzen. Dabei unterscheiden wir zwischen

- *der Bewegung innerhalb des Büros* (Gang zum Kopierer, zur Kollegin/zum Kollegen, zur Kaffemaschine, Treppen steigen, statt Aufzug fahren etc.) sowie zusätzliche Bewegungs-anreize im Büro (interessante Vorschläge hat hierzu die Firma Eurocres Consulting GmbH in Berlin[15] gemacht) und
- *der Bewegung am Arbeitsplatz selbst.* Mit Letzterem beschäftigt sich das vorliegende Konzept des Active Office.

Beide Konzepte sind jedoch erforderlich, um im Büro gesund und leistungsfähig zu bleiben. Sie ergänzen sich synergistisch.

Wie kann man nun möglichst viel spontan initiierte, komplexe Bewegung in den täglichen Arbeitsablauf einbauen? Sehr einfach: Indem jeder Wunsch, etwas zu tun, Bewegung auslöst. Dies bedeutet, dass wir

- bei der Arbeit an einem Vorgang, der längere Zeit beansprucht, regelmäßig, am besten nach einer Zeitspanne von 10 bis 20 Minuten, von der Sitzarbeitsfläche zur Steharbeits-fläche wechseln,
- nur einen Vorgang auf unserem Arbeitsplatz vor uns liegen haben,
- nach Erledigung des Vorgangs zum Orgaboard gehen, den Vorgang ablegen und den nächsten zur Bearbeitung mitnehmen,
- am Orgaboard möglichst noch in die Knie gehen oder uns strecken,
- möglichst oft einen Vorgang auf den Boden legen und dort Arbeiten mit kürzerer Zeit-dauer verrichten wie Suchen, Nachlesen oder Abheften,

---

15   Eurocres Consulting GmbH, Europa-Center 17.OG, Tauentzienstr. 9-11, 10789 Berlin, Deutschland, www.eurocres.com, Geschäftsführer: Jenö Kleemann, E-Mail: j.kleemann@eurocres.com

- längere Phasen im Stehen verbringen als im Sitzen, denn im Stehen sind wesentlich mehr unterschiedliche Bewegungsmuster möglich und es werden zusätzlich mehr Kalorien verbraucht (höherer Gesamtumsatz).
- Das Stehen ist dem Gehen, wofür der Mensch eigentlich geschaffen wurde, auch näher verwandt als das Sitzen. Die Stehphasen können noch durch die Verwendung eines *muvman* und/oder eines *Active Floor* abwechslungsreicher gestaltet werden, dadurch nimmt die Bandbreite der möglichen Bewegungsmuster noch zu.
- auf firmeninterne E-Mails verzichten und stattdessen unsere Kollegen persönlich aufsuchen. Die besten Ideen ergeben sich aus Gesprächen, weil man sich gegenseitig inspiriert, und nicht beim Schreiben von E-Mails,
- alle abwechslungsreichen Tätigkeiten, wie z. B. das Beantworten von E-Mails, prinzipiell im Stehen verrichten, wobei sich die Anhänge der E-Mails an der Sitzarbeitsfläche öffnen,
- unseren Bewegungsraum oft und voll (aus)nutzen,
- jede erdenkliche Möglichkeit nutzen, uns leicht zu bewegen.

Dazu kommt noch die Bewegung im Büro selbst. Der Gang zu Kollegen, die Benutzung des Treppenhauses, der Weg zum Drucker etc. Ihrer Kreativität sind keine Grenzen gesetzt. Auch ein kurzer Sprint auf dem Flur tut Ihnen gut oder das Hüpfen am Trampolin, das Springen über ein kleines Hindernis oder der Klimmzug zwischendurch.

Das neue Arbeiten an der Steh- und Sitzarbeitsfläche

Ein ständiger Wechsel zwischen Steh- und Sitzarbeitsfläche kann dadurch erreicht werden, dass Sie unterschiedliche Tätigkeiten an den beiden Arbeitsplätzen durchführen. Lassen Sie auf den beiden Bildschirmen unterschiedliche Programme laufen oder öffnen Sie Outlook prinzipiell im Stehen und bearbeiten Sie dort Ihre E-Mails, Ihren Kalender und Ihre Aufgaben. Wenn Sie aber einen Anhang von einer E-Mail ansehen wollen, so sollte sich dieser immer auf dem Bildschirm der Sitzarbeitsfläche öffnen.

Bei umfangreicheren Projekten können Sie z. B. an Ihrem Steharbeitsplatz am Computer arbeiten, während Ihre Unterlagen zum Nachschlagen auf dem Sitzarbeitsplatz liegen. Jedes Mal beim Nachsehen beugen Sie sich entweder auf die Seite, wo Ihre Unterlagen liegen, setzen sich eventuell sogar kurz hin und arbeiten dann im Stehen am Computer weiter.

Beginnt man an einem Vorgang zu arbeiten, muss aber auf eine Information warten, dann kann man an dem anderen Arbeitsplatz inzwischen mit der Bearbeitung eines anderen Vorgangs beginnen und wieder zu dem ersten Vorgang zurückwechseln, sobald die nötige Information vorliegt. So können Sie am Sitz- und Steharbeitsplatz an verschiedenen Projekten arbeiten und den Abschluss der Arbeit an dem einen Vorgang zum Wechsel der Arbeitsposition nutzen.

Das Hinsetzen macht Spaß, weil Sie angenehm auf Ihrem aktiv dynamischen Sitz einfedern und nachschwingen; das Aufstehen ebenso, weil Ihnen die Feder des Sitzes beim Einschwingen einen Impuls mitgibt, der das Aufstehen unterstützt und Sie hochschnellen lässt. Dadurch wird das Aufstehen zum freudigen Erlebnis.

Arbeitet man konzentriert an einem Schriftstück oder einer Excel-Tabelle, so neigt man dazu, die Zeit zu vergessen. Durch die Konzentration verkrampft man häufig in seiner Haltung. Die effizienteste Art, dieses Muster zu unterbrechen, besteht in einem Bildschirmwechsel, bei dem der Bildschirminhalt automatisch von einem zum anderen Bildschirm verschoben wird.

Abb. 2.49   Blume welkt und erblüht

Abb. 2.50   Ball ändert seine Farbe

Abb. 2.51   Bildschirm ändert seine Farbe und Helligkeit

Sie wandern mit, denn sie wollen ja an dem Dokument weiterarbeiten. Die *Active Office Software* unterstützt Sie dabei.

Alternativ können Sie sich auch durch einen Avatar darauf aufmerksam machen lassen, Ihre Position zu wechseln. Beispielsweise könnte eine kleine Blume (Abb. 2.49) rechts unten im Bildschirmfenster langsam zu welken beginnen oder ein Ball ändert seine Farbe (Abb. 2.50), je länger Sie sitzen; oder sich die Farbe und die Helligkeit des Bildschirms verändern (Abb. 2.51). Oder Sie wählen sich einen Avatar aus, mit dem Sie sich gut identifizieren können, mit schlanker, gut durchtrainierter Figur, männlich oder weiblich. Je länger Sie sitzen bleiben, desto mehr verändert sich die Gestalt und wird immer dicker und unförmiger. Wechseln Sie zum Steharbeitsplatz, gewinnt er wieder seine schlanke durchtrainierte Figur zurück. Die Farbe und Helligkeit des Bildschirms kehrt wieder zu ihrer ursprünglichen Einstellung zurück, die Blume ist frisch und strahlt Sie freundlich an.

Natürlich können Sie sich auch durch akustische Signale darauf hinweisen lassen, dass Sie schon zu lange am Stück sitzen, oder auf alle Hilfsmittel verzichten und sich auf Ihre eigene Disziplin verlassen. Die Erfahrung zeigt jedoch, dass vor allem am Anfang, wenn man an den ständigen Wechsel noch nicht gewöhnt ist, Unterstützung sehr hilfreich ist. Denn die alten Gewohnheiten des stundenlangen Sitzens müssen erst einmal unterbrochen und durch neue ersetzt werden.

Dabei ist der Wechsel vom Sitzen zum Stehen viel wichtiger als umgekehrt. Wenn man steht, ist man automatisch mehr in Bewegung als beim Sitzen, man wechselt das Spiel- und Standbein, man entlastet die Beine kurz, indem man zum Nachdenken oder Lesen vorübergehend die aktiv dynamische Stehhilfe nutzt, man stellt sich wieder hin, um zu tippen, und erhält über den *Active Floor Signale,* die Körper und Geist stimulieren. Wenn man auf diese Weise steht, fühlt man, auch nach längerer Zeit, gar kein Verlangen, sich hinzusetzten. Der Hinweis, seine Arbeitsposition zu ändern, ist also eigentlich nur nötig, wenn man zu lange sitzt.

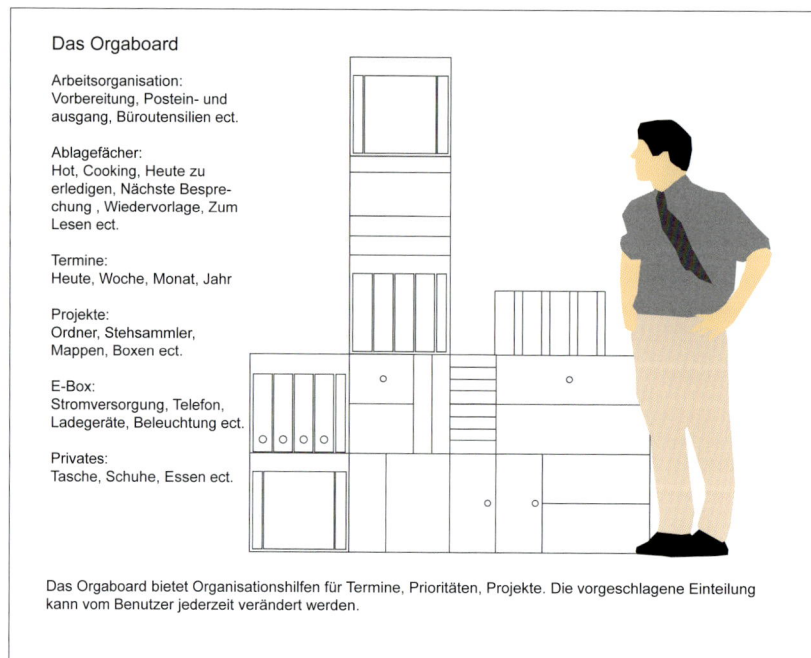

Das Orgaboard

Arbeitsorganisation:
Vorbereitung, Postein- und
ausgang, Büroutensilien ect.

Ablagefächer:
Hot, Cooking, Heute zu
erledigen, Nächste Besprechung , Wiedervorlage, Zum
Lesen ect.

Termine:
Heute, Woche, Monat, Jahr

Projekte:
Ordner, Stehsammler,
Mappen, Boxen ect.

E-Box:
Stromversorgung, Telefon,
Ladegeräte, Beleuchtung ect.

Privates:
Tasche, Schuhe, Essen ect.

Das Orgaboard bietet Organisationshilfen für Termine, Prioritäten, Projekte. Die vorgeschlagene Einteilung
kann vom Benutzer jederzeit verändert werden.

Abb. 2.52
Organisation
im Orgaboard

Das neue Arbeiten mit dem Orgaboard

Alles was Sie an Ihrem Arbeitsplatz benötigen, befindet sich im Orgaboard (außer Ihrem Arbeitsplatzcomputer, Laptop und Telefon/Headset). Alle Dokumente, Vorgänge, Unterlagen, die Ablage, Büroutensilien und Ihre persönlichen Dinge werden im Orgaboard nach einer von Ihnen selbst festgelegten Ordnung abgelegt und aufbewahrt (Abb. 2.52).

Sie haben dort die Möglichkeit, Ihre Unterlagen nach folgenden Kriterien zu organisieren:

- Heute zu erledigen
- Morgen zu erledigen
- Nächste Besprechung
- Termine/Wiedervorlage
- Prioritäten
- Hot!
- Cooking
- Projekte
- Sammlung von Unterlagen für ein bestimmtes Thema
- Posteingang
- Ausgang (nach Zielpersonen oder Abteilungen getrennt)

- Infomaterial
- Zum Lesen
- Büromaterial
- Ablage

Die Einteilung legen Sie, abhängig von Ihren beruflichen Anforderungen, selbst fest. Mit dem Orgaboard erhalten Sie wieder ablösbare Etiketten, mit denen Sie die Beschriftung der von Ihnen gewählten Einteilung durchführen und auch schnell wieder ändern und neuen Bedürfnissen anpassen können. Außerdem enthält das Orgaboard

- alle Büroutensilien, vom Hefter über Büro- und Heftklammern, Locher, Stifte, Radiergummi, Lineal, Spitzer, Uhr, Marker, Schere, Brieföffner, Visitenkarten, Klebeband, Schmierpapier, Prospekthüllen, Trennblätter etc.,
- die Ladeschale mit Mobiltelefon,
- eine E-Box zur Stromversorgung aller Ihrer elektrischen Geräte, wie z. B. eine Warmhalteplatte für Ihren Kaffee, Ventilator, Licht, Radio etc.,
- Ihre persönlichen Utensilien wie Fotos, Schminksachen, Spiegel, Medikamente etc.,
- ein abschließbares Fach für Reisepass, Geld, Autoschlüssel, Liste mit Passwörtern, Codes, Kreditkartennummern etc.,
- ein Fach (mit Tür) für Ihre bequemen Schuhe,
- eine indirekte Beleuchtung.

Abb. 2.53 Organisation und Ablage mit Classei

Für die Organisation und Ablage schlagen wir ein *Classei-Organisationssystem*[16] vor (Abb. 2.53). Im Vordergrund dieser Organisationsmethode steht die Zeitersparnis, Raum- und Kostenreduzierung. Das Prinzip beruht darauf, dass ein Vorgang gleich Bearbeitungseinheit – gleich Weiterleitungseinheit – gleich Aufbewahrungseinheit – gleich Vernichtungseinheit ist. Das heißt, ein Vorgang wird *nur einmal erstellt* – und zwar mit einfachsten Mitteln (Einwegmappe). Diese angelegte Akte, mit einem selbstklebenden Beschriftungsreiter, verbleibt am Arbeitsplatz über die gesamte Bearbeitungszeit mit direktem Zugriff bis hin zum Abschluss. Diese Akte wird dann unverändert in die Zwischenablage/Archiv überführt und äußerst schnell alphabetisch, nach PLZ oder Ländern oder wie gewünscht eingeordnet.

Classei in der Praxis: Durch die hohe Transparenz und Einfachheit dieses Systems findet sich jeder Sachbearbeiter oder auch Dritte an jedem Arbeitsplatz, z. B. bei Urlaubsvertretung, Krankheit, sehr schnell zurecht. Jeder Vorgang/Auftrag ist geschlossen zu finden, was bei Rückfragen oder eventuellen Reklamationen ein nicht zu unterschätzender Zeitfaktor ist. Im Reklamationsfall kann diese Akte sofort wieder am Arbeitsplatz bzw. im Terminset aktiviert werden, ohne jegliche lange Such- und Zusatzarbeit. Da sich bei dieser Vorgangsablage ein Vorgang komplett innerhalb einer Mappe befindet sind Fehlablagen nahezu ausgeschlossen.

Vorteile von Classei:

- Transparente, klare und einheitliche Gliederung
- Teamfähig durch offene Strukturen
- Reduzierte Zugriffzeiten
- Kostenersparnis
- Optimale Terminsteuerung und -überwachung

Jedes andere Organisationssystem ist jedoch ebenso möglich.

Das neue Arbeiten im Bewegungsraum

Verabschieden Sie sich von vermeintlichen Regeln, wie man im Büro zu arbeiten hat. Das Active Office macht Ihnen ein Geschenk: Ihren persönlichen Bewegungsraum. Und nur Sie allein entscheiden, wie dieser genutzt wird. Der Bewegungsraum ist der vermutlich wichtigste Bestandteil des Active Office. Während Sie sich bei einem konventionellen Arbeitsplatz kaum bewegen

---

16   http://www.classei.de/, Classei: wirklich effiziente Ordnung für das Büro von heute und morgen!

müssen, um einen Vorgang abzulegen, einen neuen zu holen, nach dem Locher oder Telefon zu greifen, ruft jeder dieser Vorgänge im Active Office Bewegung hervor. Jedes Mal wenden Sie sich Ihrem Orgaboard zu, Sie drehen, strecken, bücken sich, machen einen oder mehrere Schritte, gehen in die Hocke oder führen eine andere Bewegung durch, um das gewünschte Ziel zu erreichen. Alles zum Nutzen Ihrer Gesundheit. Im Idealfall arbeiten Sie im Stehen und im Gehen, unterbrochen von kurzen Perioden des Sitzens. Dies hält Sie aufnahmebereit und energiegeladen, Sie werden nicht so schnell müde.

Nutzen Sie Ihren Bewegungsraum dazu, öfter in die Knie zu gehen. Dies ist gut für Ihren Kreislauf, aber auch für Ihre Oberschenkel- und Wadenmuskulatur. Fällt es Ihnen schwer, in die Knie zu gehen oder sich zu strecken, dann ist dies ein ernst zu nehmendes Zeichen, dass Sie dringend Ihren Lebensstil ändern müssen.

Deshalb: Legen Sie z. B. ein Dokument auf den Boden, um etwas nachzusehen, abzulegen oder zu heften (Abb. 2.54, Abb. 2.55). Zugegeben, dies wird bei einigen Mitarbeitern Verwunderung auslösen, wenn sie Sie beobachten, wie Sie am Boden hocken, aber es tut Ihnen gut und Ihre Kollegen werden es nachmachen, wenn Sie den Sinn des Active Office verstanden und seine positiven Auswirkungen am eigenen Leib verspürt haben. Es gilt lediglich, eine Gewohnheit (Bewegungsmuster) durch eine andere zu ersetzen. Wird das neue Bewegungsmuster zur Gewohnheit, wird es nicht mehr infrage gestellt und das alte ist vergessen.

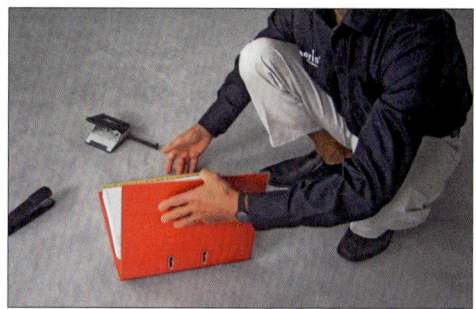

Abb. 2.54 Arbeiten im Hocken mit dem Boden als Arbeitsfläche, Ablegen

Abb. 2.55 Arbeiten im Hocken mit dem Boden als Arbeitsfläche, Heften

Denken Sie dabei an den Sport nach Feierabend, ans Tennisspielen, Joggen, Skifahren oder Snowboarden. Bei all diesen sportlichen Betätigungen kommt Ihnen eine gut trainierte Muskulatur zugute! Und die Verletzungsgefahr wird, durch ein während des Tages sensomotorisch aktiviertes System, drastisch reduziert. Also scheuen Sie sich nicht, etwas Ungewöhnliches zu tun. Sie tun es für sich und Ihre Gesundheit!

Stehen Sie zum Nachdenken auch ruhig öfter auf und gehen Sie ein paar Schritte, anstatt sich bequem in Ihre Rückenlehne zu kuscheln. Knien Sie doch mal auf Ihrem Stuhl und schwingen Sie, das schafft neue Perspektiven und Einblicke. Machen Sie auch mal etwas mit der linken Hand, wenn Sie Rechtshänder sind und umgekehrt. Benutzen Sie z. B. die Maus mit der linken Hand im Stehen und mit der rechten Hand im Sitzen. Das trainiert die beiden Gehirnhälften und fördert die Verbindung zwischen logischem und kreativem Denken. Scheuen Sie sich nicht, neue Bewegungsmuster zu erfinden, auch wenn Ihre Kollegen anfangs komisch schauen. Nach einiger Zeit werden sie sich daran gewöhnt haben oder machen es Ihnen sogar nach. Für besonders Schüchterne empfehlen wir einen flexiblen Raumteiler. Dahinter können Sie ungestört Ihre Bewegungslust ausleben.

Umstellen der Arbeitsorganisation

Aber wie viel Bewegung ist denn nun wirklich nötig, um Zivilisationskrankheiten zu vermeiden? Dafür hat eine australische Studie wertvolle Informationen geliefert (Lauenstein 2011, S. 3)[17]:

„Die australische Forscherin Genevieve Healy glaubt, dass es nur ein wirksames Gegenmittel gibt: immer wieder aufstehen. Gemeinsam mit einem Team von Herz- und Diabetesexperten hat Healy 4800 Erwachsene mit einem Aktivitätsmesser an der Hüfte ausgestattet. So konnte sie nachvollziehen, wie oft jemand aufstand – oder eben sitzen blieb. Die Werte verglich ihr Team anschließend mit dem Blutzuckerspiegel, den Blutfettwerten und auch dem Hüftumfang der Probanden.

Das Ergebnis: Wie erwartet schnitten Dauersitzer nicht gut ab. Jedoch: ‚Kleine Veränderungen nützen schon', sagt Healy. Sie konnte nachweisen, dass sich bereits geringfügige Bewegungen positiv auswirkten: der Gang zum Drucker, die Wahl der Treppe, zentral aufgestellte Papierkörbe im Großraumbüro. Vor allem ein Stehpult kann Wunder wirken. Die Hamburger Werbeagentur Jung von Matt hält zum Beispiel Konferenzen grundsätzlich im Stehen ab – aus Effizienzgründen. Doch Healy bestätigt, dass solche Stehkonferenzen auch dem Rücken guttun. Je mehr Abwechslung, desto besser. Und Arbeitswissenschaftler Adolph fügt hinzu: ‚Im Büro gilt: Bewegung, Bewegung, Bewegung.'"

Eine schwedische Studie zeigt, dass die negativen Auswirkungen auf unsere Gesundheit durch stundenlanges Sitzen über Freizeitsport nicht wieder ausgeglichen werden können (Ekblom-Bak

---

17   Auszug aus dem Artikel „Gefahr im Büro: Wer länger sitzt, ist früher tot!" vom 12. Juli 2011

et al. 2010). Der Schaden, den wir unserem Körper durch lang anhaltendes Sitzen zufügen, kann im Nachhinein nicht wieder kompensiert werden.

Dies zeigt, wie wichtig leichte, aber ständige Bewegung im Büro ist. Es sind nämlich nicht die kolossalen Kraftakte, die uns gesund erhalten. Besondere Bedeutung kommt in diesem Zusammenhang der in den letzten Jahren geführten Diskussion über Non-Excercise Activity Thermogenesis (NEAT) zu (Levine 2002). Dabei handelt es sich um den Energieverbrauch des Menschen bezogen auf alle Tätigkeiten während des Tages, außer freiwilligem Sport – genau solche Bewegungen also, die wir mit dem Active Office fördern.

Es zeigen sich große Unterschiede zwischen übergewichtigen und normalgewichtigen Menschen. Übergewichtige tendieren dazu, in etwa 2,5 Stunden pro Tag mehr zu sitzen als Schlanke. Würden sie sich genauso viel bewegen wie ihre schlanken Mitmenschen, könnten sie bis zu 350 kcal pro Tag mehr an Energie verbrauchen.

Bei einem durchschnittlichen Grundumsatz[18] von 1.600 kcal pro Tag ist das ein enormer Unterschied. Selbst wenn man den durchschnittlichen Gesamtumsatz[19] eines erwachsenen Menschen von ca. 2.400 kcal zugrunde legt, sind das fast 16 % mehr, die an Energie verbraucht werden und damit nicht mehr für den Aufbau von Körperfett zur Verfügung stehen.

Die Diskussion über NEAT zeigt, dass das spontane Bewegungsbedürfnis, das ein gesunder Mensch empfindet, offenbar von der Natur so gewollt und programmiert ist, denn es ist lebensnotwendig für die Aufrechterhaltung seiner Gesundheit. Es darf nicht behindert oder unterdrückt werden!

Betrachtet man die Evolution, so ist dies auch verständlich. Den größten Teil des Tages haben sich die Menschen früher leicht bewegt. Nur ab und zu war es nötig, sich mächtig anzustrengen, z. B. um das Mammut zu (z)erlegen oder den Büffel aus der Fallgrube zu ziehen. Diese Kraftakte entsprechen heute unserem Abend- und Wochenendsport. Diese Aktivitäten sind kurzzeitig und anstrengend. Den weitaus größeren Teil des Tages benötigen wir aber leichte, spontane Bewegungen, um gesund zu bleiben.

---

18   Basal Metabolic Rate (BMR), Grundumsatz. Der Grundumsatz bezieht sich auf den Ruhezustand ohne körperliche Aktivität (z. B. im Bett liegen). Er ist abhängig von Alter, Gewicht und Geschlecht des Menschen und liegt etwa zwischen 1.300 bis 2.000 kcal pro Tag.

19   Der Gesamtumsatz beinhaltet den Grundumsatz zuzüglich der körperlichen Aktivität, hängt also entscheidend von dem Beruf des Menschen und seinem Freizeitverhalten (sportlichen Aktivitäten) ab.

Arbeitseffizienz

Die zusätzlichen, kleinen Bewegungen mögen zwar etwas Zeit in Anspruch nehmen, sie bewirken aber auch, dass Ihr gesamter Stoffwechsel bestmöglich funktioniert. Sie atmen tiefer, haben eine höhere Sauerstoffsättigung des Blutes, wodurch sich Ihre kognitiven Leistungen verbessern. Ihre Arbeitseffizienz und Leistungsfähigkeit steigt durch die zusätzliche Bewegung, und die für die Gesunderhaltung Ihres Körpers wesentlichen Wirkungsmechanismen und die Mikrozirkulation bleiben aktiviert. In einem wachen und aktiven Zustand treffen Sie schnelle und gut durchdachte Entscheidungen und fühlen sich wohl dabei. Die Lebensqualität im Büro wird spürbar verbessert, die Arbeitseffizienz steigt.

Ein Active Office ist also ein Muss für jeden gesundheitsbewussten und leistungsorientierten Menschen. Weitblickende Unternehmen sollten ihren Mitarbeitern diese neue Möglichkeit zu arbeiten schon aus eigenem Interesse anbieten.

Selbstmanagement

Eines der größten Probleme für den Menschen ist das Ablegen alter Gewohnheiten und Erlernen neuer Verhaltensweisen. Dabei sind Gewohnheiten durchaus wichtig für die Menschen, denn sonst müssten wir bei jeder Handlung neu überlegen, wie wir diese am besten ausführen sollen. Gewohnheiten schützen uns vor einer Überlastung des zentralen Nervensystems, denn die Anzahl der bewusst zu treffenden Entscheidungen wird reduziert. Gewohnheiten sind sozusagen „Abkürzungen" für unser Denken.

Das ist die positive Seite. Ihre problematische Seite ist jedoch, dass es sehr schwierig ist, sie zu ändern. Es tut manchmal sogar körperlich weh, denken Sie nur an die Qualen, die Raucher durchleiden, wenn sie versuchen diese Gewohnheit aufzugeben. Dabei ist Rauchen zu 90 % Gewohnheit und nur zu 10 % physische Abhängigkeit.[20]

Es muss schon einen schwerwiegenden Anlass dafür geben, seine Gewohnheiten zu überdenken und dann zu ändern – entweder ein tief empfundener Schmerz, eine plötzliche Erkenntnis (es geht einem ein Licht auf) oder sonst ein gravierendes Ereignis. Den Prozess, in dem dies passiert, nennt man „deep learning". Hat man dann einmal seine Gewohnheit – meist ziemlich abrupt – geändert, dann gibt es auch kein Zurück mehr. Denn man kann nicht etwas, was man als richtig erkannt hat, wieder gegen etwas tauschen, hinter dem man nicht mehr steht.

---

20   Eine Studie aus Österreich über einen Zeitraum von 4 Jahren mit 90.000 Probanden hat gezeigt, dass 90 % der Raucher physisch nicht abhängig sind, sondern nur die Gewohnheit sie daran hindert, das Rauchen aufzugeben. Ein Lichtblick für alle, die das Rauchen aufgeben wollen. Man muss es nur tun – schon funktioniert es.

Wir haben das Active Office entwickelt, damit Sie darin Ihrer Arbeit „in Bewegung" nach-gehen können, langfristig gesund bleiben und Ihre Lebensqualität steigern können. Ob Sie bereit sind, Ihre jahrelangen Gewohnheiten über Bord zu werfen und nach der Philosophie des Active Office zu leben, entscheiden Sie selbst – auch wie oft, wie viel und wie dynamisch Sie sich bewegen. Das Konzept des Active Office bietet Ihnen nur die Möglichkeit zur Bewegung. Bewegen müssen Sie sich dann schon selbst.

Zum Schluss: 5 Tipps zum Arbeiten im Active Office

Tipp 1: Räumen Sie Ihren Schreibtisch leer

Nur ein leerer Schreibtisch ist ein guter Schreibtisch. Jedes Utensil auf Ihrem Schreibtisch nimmt einen Teil Ihrer Aufmerksamkeit in Anspruch. Es ist inzwischen bewiesen, dass sich der Mensch nicht gleichzeitig auf mehrere Dinge bewusst konzentrieren kann. Führt er mehrere Tätigkeiten zeitgleich aus, kann das Gehirn schnell hin- und herschalten, weil im Ultrakurz-zeitgedächtnis die Informationen noch gespeichert sind, bewusste Parallelverarbeitung ist jedoch nicht möglich. Deshalb arbeiten Sie am effizientesten, wenn sie einen Vorgang nach dem anderen in Angriff nehmen.

Im normalen Büroalltag verliert man viel Zeit damit, Unterlagen auf seinem Schreibtisch zu suchen, die man irgendwo in einem Stapel abgelegt hat. Die Lösung? Es gibt keine Papier-stapel mehr auf dem Schreibtisch. Verwenden Sie das Orgaboard, um alle Vorgänge logisch sinnvoll und richtig abzulegen und dann auch mit einem Griff wieder zur Verfügung zu haben.

Tipp 2: Wählen Sie den passenden Sitz

Warum Sie einen aktiv dynamischen Sitz verwenden sollten, haben wir bereits ausführlich erläutert. Ob Sie einen mit Rollen verwenden oder einen mit Gleitern, müssen Sie selbst ent-scheiden. Nachdem Sie ja jede Gelegenheit für einen Haltungswechsel nutzen wollen, ist ein Fußkreuz mit Rollen nicht unbedingt nötig. Der Sitzarbeitsplatz ist auch von seinen Dimensi-onen nicht einmal halb so groß wie ein konventioneller Büroschreibtisch. Deshalb müssen Sie auch nicht von einem Ende zu anderen rollen. Der größere Greifraum, der durch die seitliche Auslenkung des aktiv dynamischen Sitzes zur Verfügung steht, reicht aus, um alle Punkte des

Sitzarbeitsplatzes zu erreichen. Wenn Sie sich ein bisschen „strecken", ist dies für Ihre Beweglichkeit zudem besser, als den Stuhl zu „rollen".

Ob Sie einen aktiv dynamischen Sitz mit Rückenlehne verwenden oder nicht, hängt in erster Linie von Ihrer Tätigkeit ab. Solange Ihr Rücken in Bewegung bleibt, brauchen Sie keine Rückenlehne. (Oder haben Sie schon einmal jemanden beim Spazierengehen oder Wandern beobachtet, wie er eine Rückenlehne benutzt hat?) Wenn Sie aber lange Schriftsätze lesen, dann ist eine Rückenlehne sinnvoll, denn beim Lesen können Sie sich nicht ausreichend viel bewegen, um Ihren Rücken vor Ermüdung zu schützen.

Wenn Sie sich aber angewöhnt haben, Ihre Rückenlehne beim Telefonieren zu benutzen und sich in Ihren Bürostuhl zu rekeln, dann sollten Sie sich diese Fragen stellen: Müssen Sie dabei sitzen? Wäre das Aufstehen und Umhergehen nicht eine anregende Alternative?

Wenn Sie sich dafür entschieden haben, in Ihr Active Office auch die Kreativcouch zu integrieren, dann benötigen Sie bei Ihrem Arbeitsstuhl keine Rückenlehne. Denn diese braucht man vor allem beim Lesen. Letzteres können Sie auf der Kreativcouch erledigen, während Sie beim Arbeiten an der Sitzarbeitsfläche durch Ihren aktiv dynamischen Sitz in Bewegung bleiben.

Tipp 3: Verwenden Sie zum Telefonieren ein Headset

Telefonieren sollten Sie grundsätzlich im Stehen oder Gehen, also mit einem Headset oder schnurlosem Telefon, eventuell mit Freisprechmöglichkeit.

Die Vorteile: Sie haben beide Hände frei, um andere Arbeiten zu erledigen während Sie telefonieren, Sie sind nicht „an der Leine" und können sich im Raum frei bewegen. Ihre Stimme hat mehr Volumen und klingt dynamischer. Sie werden also gleichzeitig entspannter und erfolgreicher telefonieren!

Tipp 4: Halten Sie Besprechungen im Stehen ab

Empfangen Sie prinzipiell alle Besucher an der Steharbeitsfläche. Dann kommen Sie sofort zum Thema, besprechen dieses und Sie können sich nachfolgend wieder zügig Ihrer Arbeit widmen. Kurze Unterbrechungen im Stehen bringen Sie nicht aus Ihrem Arbeitsfluss. Das „Stehen" signalisiert Ihren Mitarbeitern bereits, dass Sie nicht viel Zeit haben und in Ihrer Arbeit nicht lange gestört werden wollen.

Ganz anders beim Sitzen: Es dauert schon einmal viel länger, bis sich jemand hingesetzt hat. Dann macht er es sich erst einmal bequem. Man beginnt mit einer Gesprächseinleitung zum „Aufwärmen". Bis dann endlich das eigentliche Thema behandelt wird, ist schon einige Zeit vergangen. Zudem redet man im Sitzen ausschweifender und denkt vor allem nicht so schnell. Bis sich Ihr Besucher dann wieder verabschiedet hat, ist eine ganze Weile vergangen, und Sie sind aus Ihrem Thema völlig draußen.

Tipp 5: Schonen schadet!

Die Werbung will Ihnen weismachen, dass Sie einen „bequemen" Bürostuhl benötigen, der Ihren Rücken optimal abstützt, sodass Sie möglichst wenig aus eigener Kraft tun müssen. Die Werbung empfiehlt Ihnen also: „Ruhe dich aus bei der Büroarbeit!" bzw. „Schlaf ein!" Im Büro hat aber Bequemlichkeit nichts zu suchen. Die macht Sie nur müde. Was der Mensch braucht, um gesund und leistungsfähig zu bleiben, ist Be- und Entlastung im ständigen Wechsel. Schonen hingegen schadet!

Ausruhen sollen wir uns nachts. Diesen Tagesablauf hat die Natur so vorgesehen. Dann sollen wir es bequem und entspannt haben. Tagsüber müssen wir aber die Anspannung hoch halten, um Power zu haben und nicht nachzulassen. Bewegung ist das beste Gegenmittel gegen Müdigkeit. Wenn Sie beim Autofahren müde werden, dann beginnen Sie sich zu rekeln und zu bewegen. Am besten bleiben Sie stehen, steigen aus, gehen in die Knie, machen Gymnastik oder einen kurzen Sprint, dann sind Sie wieder für eine Weile munter.

Im Büro benötigen Sie sensorische und motorische Anregung. Wenn Sie müde werden, machen Sie Klimmzüge, hüpfen auf dem Trampolin, spielen Kicker, Tischtennis oder gehen statt des Mittagessens eine halbe Stunde zum Joggen. Oder machen Sie wenigstens Rumpf- und Kniebeugen. Das macht Sie wieder fit, nicht aber der bequeme Stuhl. Es sei denn, Sie gehen ins Büro, um sich auszuruhen.

2.8. Was bringt das „aktive Büro"?

Der moderne Mensch lebt in einem Zeitdilemma: Einerseits möchte er in seinem Beruf erfolgreich sein und gute Leistung bringen, was oft mit langen Arbeitszeiten und Überstunden verbunden ist, andererseits kann er dies nur erreichen, wenn er auf seine Gesundheit und Fitness achtet, denn nur dann kann er gute Leistung dauerhaft erbringen. Üblicherweise geht man dafür nach der Arbeit oder am Wochenende zum Sport.

Dann aber melden auch Familie oder Partner Ansprüche an. Einkaufen und die Hausarbeit müssen erledigt werden, dann noch die dringend notwendigen Reparaturen in der Wohnung... Damit ergibt sich für den modernen Menschen das Zeitdilemma. Um sich um die Fitness/Gesundheit des eigenen Körpers zu kümmern, fehlt einfach die Zeit.

Dazu kommt: Wer hat nach einem langen Arbeitstag noch wirklich Lust ins Fitnessstudio oder auf den Sportplatz zu gehen? Außerdem, was bringt denn Freizeitsport? Rackern im Fitnessstudio, Joggen in freier Natur? Dies ist zwar ein löbliches Bemühen, aber es ist zu spät. Den Schaden, den man seinem Körper zugefügt hat, indem man sich stundenlang nicht bewegt hat, kann man durch komprimierten Sport in der Freizeit nicht wiedergutmachen (Ekblom-Bak et al. 2010). Schlecht versorgtes Gewebe wurde schon geschädigt oder ist sogar abgestorben. Von der Leber in den vergangenen Stunden nicht gebildete Enzyme, die den Fettabbau einleiten, haben schon dazu geführt, dass Fett nicht abgebaut wurde. Dies lässt sich im Nachhinein nicht mehr ändern!

Da bietet es sich doch an, schon im Büro dafür zu sorgen, dass Gesundheit und Fitness keinen Schaden nehmen! Dann muss man nicht vergeblich versuchen zu reparieren, was vorher kaputt gemacht wurde.

Wollen wir Zivilisationskrankheiten vermeiden und unsere Kosten im Gesundheitssektor senken, so müssen wir unseren Lebens- und Arbeitsstil ändern. Dies können wir erreichen, indem wir ein mit unseren Genen kompatibles, „steinzeitliches" Verhalten mit Büroarbeit verbinden. Das Konzept des Active Office tut dies. Wir können uns darin so verhalten, wie es weitgehend unserer genetischen Veranlagung entspricht, und trotzdem moderne Technik und Kommunikation nutzen. Das ist kein Widerspruch, denn das Active Office nutzt die rasante technische Entwicklung und wird dem Steinzeitmenschen in uns gerecht. Das Ziel: Die Arbeit im Büro darf uns nicht länger kaputt machen, sondern muss konform mit unserer Veranlagung geschehen.

Leben und Arbeiten gemäß unserem genetischen Erbe

Wer die Grundidee des Konzepts verstanden hat, kann angepasst an seine persönlichen Arbeitsanforderungen, flexibel seine Arbeit im Active Office gestalten. Die sich daraus ergebenden Vorteile sind vielfältig:

1. *Weniger Zivilisationskrankheiten, die ihre Ursache in Bewegungsarmut haben:* Wie wir in Kap. 1.2. gesehen haben, belegen zahlreiche Studien den Zusammenhang zwischen langem Sitzen und der Entwicklung von Zivilisationskrankheiten wie Herz-Kreislauf-Erkrankungen, Adipositas, Diabetes, unterschwelligen Entzündungen, Osteoporose bis hin zu Krebserkrankungen. Die gute Nachricht ist jedoch, dass schon leichte, aber stetige Bewegung das gesundheitsschädliche Muster des starren Sitzens durchbricht.

2. *Vermeiden von Erkrankungen des Bewegungsapparates:* Rückenschmerzen, Arthrosen in Hüft- und Kniegelenken, Probleme mit den Bandscheiben oder Verspannungen sind größtenteils verursacht durch statisches, unnatürliches Verweilen in Zwangshaltung am Arbeitsplatz (starres Sitzen).

3. *Größere physische Leistungsfähigkeit:* Gepaart mit der richtigen Ernährung, die ohne Zucker und schnelle Kohlenhydrate auskommt (s. Teil III), werden durch die höhere Sauerstoffkonzentration im Blut und die durch die Bewegung intensivierte Mikrozirkulation physiologische Tiefs vermieden. Man behält sein hohes Leistungsniveau während des gesamten Arbeitstages.

4. *Gesteigerte kognitive Leistungsfähigkeit und Effizienz:* Die verbesserte Versorgung des Gehirns mit Sauerstoff steigert dessen kognitive Fähigkeiten und damit die Effizienz bei der Arbeit[21]. Der geringfügige Mehraufwand an Zeit durch zusätzliche Bewegung wird durch diese gesteigerte Effizienz und Leistungsfähigkeit bei Weitem kompensiert.

5. *Mehr Lebensfreude und Lebensqualität:* Ein Leben entsprechend der genetischen Veranlagung verbessert die Funktion des gesamten Stoffwechsels. Es steigert die Produktion von Hormonen, die ein positives Lebensgefühl hervorrufen, die Gesundheit und damit die Lebensfreude. Gesteigerte Lebensfreude ist gesteigerte Lebensqualität.

---

21   Etwa ein Viertel des gesamten Sauerstoffbedarfs des Menschen verbraucht sein Gehirn. Bei einer höheren Sauerstoffsättigung des Blutes erbringt der Mensch bessere kognitive Leistungen.

6. *Wirtschaftlicher Nutzen:*

    Betrachtet man nur die reinen Zahlen, so reduzieren sich die Krankheitstage im Unternehmen beträchtlich. Arztbesuche, Kuren, Operationen und Reha durch Beschwerden im muskuloskelettalen Bereich fallen drastisch seltener an. Durch die verbesserte Funktion des Stoffwechsels kommt es zu weniger Symptomen von Zivilisationskrankheiten und damit ganz allgemein zu einer geringeren Zahl von Krankheitstagen im Unternehmen.

    Diese betriebswirtschaftlichen und volkswirtschaftlichen Auswirkungen betreffen nicht nur die Unternehmen und unsere gesamte Gesellschaft, sondern auch jeden Einzelnen und sein privates Budget. Weniger Krankheitstage bedeuten eine höhere Lebensqualität, höhere Leistungsfähigkeit und geringeren Ausfall von Arbeitszeit. Das kommt nicht nur Selbstständigen zugute, sondern auch Arbeitnehmern, da es ihren Wert am Arbeitsmarkt erhöht.

    Vergleicht man den wirtschaftlichen Nutzen mit den dafür aufzuwendenden Kosten, so sind Letztere als gering einzustufen. Vor allem deshalb, weil sie nur einmalig anfallen, während der Nutzen für den Rest der Lebensarbeitszeit gerechnet werden kann. Sehr grob geschätzt, hat sich die Investition in ein Active Office nach ein bis zwei Jahren amortisiert.

7. *Motivation:*

    Viele Menschen haben das Problem, dass sie etwas an ihrem Verhalten ändern wollen, jedoch immer wieder daran scheitern, ihr selbst gestecktes Ziel zu erreichen. Der „Innere Schweinehund" (Abb. 2.56) hindert sie regelmäßig daran, ihre guten Vorsätze auch umzusetzen.

    Da ist die für das Active Office entwickelte Software eine willkommene Hilfe. Jeder Nutzer bestimmt selbst, inwieweit er durch die Software unterstützt werden will, seine Vorsätze für mehr Bewegung in die Tat umzusetzen und sein Verhalten zu steuern.

Abb. 2.56   Der innere Schweinehund

Der aufgeklärte, selbstverantwortlich handelnde Mitarbeiter

Entscheidend für den Erfolg des Konzepts ist ein aufgeklärter Mitarbeiter. Ohne diesen wird es nicht funktionieren. Jemand, der nicht aus eigener Überzeugung und aus eigenem Antrieb das Konzept des Active Office leben möchte, sollte nicht dazu gezwungen werden.

Unternehmen haben die Verantwortung, ihre Mitarbeiter darüber aufzuklären, dass es Möglichkeiten gibt, Probleme im Bewegungsapparat und/oder Zivilisationskrankheiten zu vermeiden, wenn diese durch die Arbeit ausgelöst werden können. Das Active Office bietet die Möglichkeit, ein Arbeitsumfeld zu schaffen, in dem diese Erkrankungen nicht auftreten, da sich die Mitarbeiter ihrer genetischen Veranlagung entsprechend verhalten. Wenn sich der eine oder andere Mitarbeiter in diesem Wissen dennoch entscheidet, sein Büroleben wie bisher weiterzuführen, liegt das dann in seiner Verantwortung.

Sein Arbeitgeber und die Gesellschaft (Sozialversicherung) müssen für diese Entscheidung des Mitarbeiters allerdings die Kosten tragen. Wichtig ist es daher, ein Bewusstsein dafür zu schaffen, dass „bewegtes Arbeiten" sinnvoll und gut ist. Dabei hat sich die Einführung von Maßnahmen in Zusammenarbeit mit den Mitarbeitern bewährt. Das Einholen eines direkten Feedbacks dient nicht nur dem (oft bereichernden) Ideenaustausch, sondern erhöht maßgeblich die Akzeptanz der Maßnahmen. So hat keiner das Gefühl, übergangen worden zu sein – und die Bereitschaft (Compliance), das Angebot zu nutzen, steigt!

Zeichnet sich außerdem das Kantinenessen durch eine ausgewogene Auswahl aus, hat jeder Mitarbeiter die Möglichkeit, sich entsprechend seinen Genen gesund zu verhalten, ausreichend zu bewegen und ausgewogen zu essen.

Ihr Service als Arbeitgeber zeugt von Respekt und Verständnis – zum Nutzen der ganzen Firma!

Teil II

Enriched Environment – Büroräume als heimliche Bewegungsverführer

Autor: Dr. Dieter Breithecker

3. Gesundheit und Bewegung

Dieses Kapitel steht für einen grundlegenden Paradigmenwechsel hinsichtlich der noch weit verbreiteten und auf traditionellem Gedankengut basierenden „Doktrin" rückenschonender Arbeitsplatzverhältnisse und -verhaltensweisen. Allein der Begriff „rückenschonend" impliziert bereits, dass wir dem Rücken damit nichts Gutes tun. Schonen bedeutet entlasten, und Entlastung hat Unterforderung und damit Abbau biologischer Funktionen zur Folge: „Use it or lose it!"

Eine Empfehlung zur aufrechten, lendenlordosengestützten, mit einem rechtwinkeligen Hüftknick getätigten Sitzhaltung kann man zwar einem leblosen Körper zumuten, aber nicht einem auf komplexe Inanspruchnahme angewiesenen lebendigen Organismus (Abb. 3.1). Ein komplexes, über körperliche und geistige Wechselwirkungsfunktionen verfügendes System wie das menschliche reagiert äußerst gestört auf Verhaltensempfehlungen, die sich in der Regel nur an anthropometrischen Größen oder einem biomechanisch-orthopädischen Idealmodell orientieren. Im menschlichen Körper herrscht ohne regelmäßige körperliche Aktivität ein desolater Zustand. Körperliche und geistige Gesundheit basieren auf vielfältigen und vor allem spontanen Bewegungen, die sich im Zuge flexibler Arbeitsplatzorganisationsmodelle selbst organisieren müssen. Denn ein Leben mit mentaler und körperlicher Flexibilität braucht Bewegung. Still steht nur der Tod.

Abb. 3.1   Gefangen in der Sitzträgheitsfalle

3.1.   Die „Sitzträgheitsfalle" und ihre komplexen Folgen

In den westlichen Kulturen fangen wir bereits sehr früh an, den komplexen Organismus zu einem „geordneten", rigiden und behüteten Sitzverhalten zu „dressieren". Schon den Kindern das (Still-) Sitzen zu lehren und sie vor wagemutigen Bewegungsabenteuern zu schützen, ist bei vielen Erziehungsverantwortlichen ein wichtiges Gebot. Dabei ist beispielsweise ihr unruhiges, zappeliges Sitzverhalten das Paradebeispiel eines physiologisch richtigen Sitzverhaltens … (s. Kap. 4.2.).

Wer also längere Sitzungen hinter sich bringen muss, sollte nicht auf dem Stuhl erstarren und einerseits einen Stuhl wählen, der die natürliche körperliche „Unruhe" absorbiert und nicht blockiert. Andererseits sollte er Bedingungen schaffen, die ein häufiges Aufstehen und Umhergehen erlaubt. Dies ermöglicht das Ausleben spontaner und intuitiver Verhaltenserfordernisse, die der Kategorie höchste Bewegungsqualität zuzuordnen sind. Sie basieren auf der über Millionen von Jahren erworbenen „körperlichen Intelligenz", selbstregulierend, das heißt autonom auf „Störgrößen", wie beispielsweise einen sich anbahnenden „Diskomfort" zu reagieren. Komplex agierende biologische Systeme wie das menschliche erfordern in einer Zeit der räumlich begrenzten Arbeits- und Aufenthaltsbereiche durchdachte Verhältnisse und Raumkonzepte, die anhand „heimlicher Bewegungsverführungen" dem genetisch begründeten Bedürfnis nach regelmäßigen Haltungswechseln und spontaner Bewegung Rechnung tragen. Kommt es zu Einschränkungen, schädigen wir mehr als nur den Rücken. Wir können uns nicht nur bewegen, wir müssen uns bewegen. Denn auf eines ist das Erfolgsmodell *Homo sapiens* gar nicht eingestellt: Bewegungsmangel und stundenlanges Sitzen mit Stilllegung des

Beckens auf einer starren Sitzfläche bei gleichzeitiger Verlagerung der sensorischen Informationen zugunsten visueller und zuungunsten vestibulär-propriozeptiver Anteile (s. Kap. 3.4.).

Insbesondere in letzter Zeit wurden in diversen Printmedien, ähnlich wie bei der Antiraucherkampagne, Mahnungen wie „Sitzen ist tödlich!" wahrnehmbar. Immer mehr Hinweise identifizieren das sogenannte „Sedentary Behaviour" als ein ernst zu nehmendes Gesundheitsrisiko, und dies möglicherweise unabhängig von zusätzlich stattfindender moderater körperliche Aktivität (vgl. Kap. 1.3). "Sedentary behavior refers to activities that do not increase energy expenditure substantially above the resting level and includes activities such as sleeping, sitting, lying down or watching television." (Pate et al. 2009).

Das viele bewegungsarme Sitzen ist schlecht für den Menschen. Es schwächt seinen Körper wie in Kap. 1. ausführlich beschrieben.

Langes, starres Sitzen belastet auch die Psyche. Spanische Wissenschaftler haben herausgefunden, dass diejenigen, die mehr als 42 Stunden pro Woche im Sitzen verbringen, ein um 31 % erhöhtes Risiko für psychische Erkrankungen aufweisen (GEO 2013, S. 137). Unser an physische Herausforderungen trainiertes System leidet regelrecht an körperlicher Unterforderung und Untätigkeit.

Dauerstress macht dem komplexen menschlichen System richtig Arbeit und bindet Ressourcen, die dann nicht mehr für Problemlösungen zur Verfügung stehen.

Nun sind Stressoren in der Arbeitswelt sehr vielseitig und reichen von Arbeitsdichte bis zu sozialen Konflikten (s. hierzu insbesondere KKH 2005). Bisher konzentrierten sich folglich Präventionsprogramme gegen Stress am Arbeitsplatz vor allem auf die personale Ebene. Die Betroffenen werden im Umgang mit Belastungen geschult. Das Ziel ist, die Verarbeitung zu erleichtern und über diesen Weg Krankheiten zu verhindern. Ergänzend muss nun das arbeitsergonomische Umfeld, die Verhältnisprävention in die Stressdiskussion mit einbezogen werden. Wer rigiden Arbeitsplatzverhältnissen ausgesetzt ist, die es nicht ermöglichen, bei einem entsprechenden Bedarf mit adäquaten Verhaltensmaßnahmen, also mit spontanen Bewegungsmustern, zu reagieren, der ist besonders gefährdet (Healy et al. 2008a–c, Owen et al. 2010).

Und wer zur Kompensation des Stillsitzens auf viel Bewegung nach Feierabend oder auf das Wochenende setzt, für den hatte vor einiger Zeit ein schwedisches Forscherteam um Elin Ekblom-Bak (2010) eine schlechte Nachricht: Laut ihrer Studie kann, wer lange Zeiten im Büro sitzt, die Folgen des damit verbundenen Bewegungsmangels (Abb. 3.2) nicht einmal mehr durch Sport in der Freizeit ausgleichen. Übereinstimmend dazu haben auch Healy et al. (2008b) festgestellt, dass Dauersitzen einen derart schädlichen kardiovaskulären und metabolischen

Abb. 3.2   Bewegungsmangel in der Fitnessgesellschaft

Einflussfaktor ausübt, unabhängig ob die Erwachsenen einen Ausgleichsport betreiben. Wer dagegen seine Sitzzeiten regelmäßig unterbricht und sein Verhalten mit körperlichen Aktivitäten wie Gehen oder Stehen bereichert, der übernimmt eine entscheidende Mitverantwortung für seine gesundheitliche Vorsorge (Chastin et al. 2012, Healy et al. 2008a). Ist es somit nicht viel naheliegender, die Bewegung wieder vermehrt in den Alltag zu integrieren, als zu versuchen, den Mangel außerhalb der Arbeitszeit zu kompensieren?

Fazit: Immer mehr, zumeist kommerziell gesteuerte Empfehlungen bzw. Dogmen erklären, was wir angeblich brauchen. Dabei müssen wir uns nur auf unsere Entwicklungsgeschichte besinnen. Wenn wir Lösungen finden wollen, müssen wir in die Vergangenheit schauen – mitten hinein in die Menschheitsgeschichte. Denn die in der Evolution aufgezogene Uhr tickt noch immer. Aufgrund seiner Steinzeitgene bekommt dem Menschen das Dauersitzen nicht. Unsere über Jahrmillionen erworbenen Potenziale müssen sich auch in Zeiten veränderter Lebensrahmenbedingungen bedarfsgerecht und spontan entfalten können. Die gesundheitswirksame Bedeutung der an die menschlichen Verhaltenserfordernisse anzupassenden Arbeitsplatzverhältnisse beruht folglich auf der anthropologischen Vorannahme, dass der Mensch eine hoch spezialisierte Lebensform ist, deren körperliche, geistige und emotionale Wechselwirkungsfunktionen auf hochkomplexen biologischen Funktionen und biochemischen Prozessen basieren. Lineare – nicht komplexe – Verhaltensweisen wie beispielsweise stundenlanges Sitzen führen zu mannigfaltigen körperlichen und psychischen Störungen.

Wohlbefinden, Aufmerksamkeit, Konzentration und Wertschöpfung sind sehr stark daran geknüpft, inwieweit Umweltbedingungen diese positiv einfordern oder nicht. Der „moderne" Mensch von heute verbringt von Kindesbeinen an immer mehr Lebenszeit in geschlossenen Settings wie Schul- und Büroräumen. Gerade deswegen müssen wir diese Räume als eine

Stätte der Anthropogenese wahrnehmen und ausgestalten, in der das komplexe lebendige System Mensch angemessene Entfaltungsmöglichkeiten hat.

3.2. Gesundheit als eine komplexe Wechselwirkungsfunktion

Die Komplexität eines Problems ist oft die Ausrede, die Hände in den Schoss zu legen oder keine ursächlichen Beziehungen herzustellen und stattdessen fleißig an Symptomen herumzudoktern. Wir leben aber in einem Zeitalter, in dem es keine Eindeutigkeiten mehr gibt. Das müssen wir akzeptieren und es nicht als Gefahr, sondern als Aufforderung zum systemischen ganzheitlichen Handeln begreifen.

Was bedeutet Komplexität?

Komplexität bezeichnet allgemein die Eigenschaft eines Systems, das man in seinem Gesamtverhalten selbst dann nicht beschreiben kann, wenn man vollständige Informationen über seine Einzelkomponenten besitzt. Komplexe Prozesse weisen eine Eigendynamik auf.

Menschliche Komplexität: Der menschliche Körper stellt ein Gesamtkunstwerk von äußerster Komplexität dar. Verschiedene biologische und biochemische Funktionen (z. B. Hormone, Enzyme, Proteine) ermöglichen durch ihr ständiges und bedarfsgerechtes Zusammenspiel unser Leben und dessen Qualität. Damit dieses Zusammenspiel optimal wirken kann, müssen die einzelnen Komponenten in einem vielfältigen, aber ganzheitlichem Beziehungsgefüge stehen. Dieses angepasste, sich selbst organisierende System ist häufig intransparent für den Menschen und wird durch Umweltbedingungen beeinflusst.

Der menschliche Organismus ist ein komplexes System, ein in Jahrmillionen perfektioniertes biologisches Wunderwerk, in dem beständig labile Gleichgewichte durch Stoffwechselreaktionen aufrechterhalten werden. Dies ermöglicht dem Organismus ein enormes Handlungsspektrum an Lösungsmöglichkeiten für schnelle funktionale Anpassungen an fluktuierende Bedingungen in seinem Umfeld (beispielsweise auf Störungen bzw. Stresssituationen bedarfsgerecht und selbstorganisierend zu reagieren). Dem menschlichen Organismus mit seinen

Abb. 3.3   Belastungswechsel im Stehen

körperlichen und geistigen Wechselwirkungsfunktionen wohnt also eine Fähigkeit inne, sich bedingt zu „verteidigen" bzw. zu schützen und somit mit „Stresssituationen" spontan und autonom bis zu einem gewissen Grad umzugehen. Das heißt, er besitzt die Fähigkeit der eigendynamischen, adaptiven Selbstorganisation bzw. Selbstregulation, ohne dass sie unserem Bewusstsein immer deutlich werden. Zu verdanken haben wir diese Fähigkeit unserer Evolution und dem entwicklungsgeschichtlich „älteren" Hirnbereich, welcher die elementaren, lebenswichtigen funktionellen Abläufe regelt. Dabei umgehen die funktionellen Regelvorgänge den Neokortex, einen entwicklungsgeschichtlich „jüngeren" Hirnbereich, in dem höhere Gedankenvorgänge wie etwa strukturierte Problemlösungen stattfinden. Dadurch vermögen wir z. B. adäquat auf Stresssignale des Körpers zu reagieren, bevor wir realisiert haben, was eigentlich los ist.

Am deutlichsten wird dieser Selbstschutz für uns bei einem frei stehenden Menschen sichtbar. Der ungleichmäßige – komplexe – Belastungswechsel zwischen Spielbein und Standbein inklusive des Bewegungsspiels des Beckens in den Raumdimensionen läuft ganz autonom ab (Abb. 3.3). Jede einzelne Haltung wäre an und für sich auf Dauer gesundheitsschädlich; im komplexen Zusammenspiel organisieren sie sie sich zu einem haltungsphysiologischen Ganzen.

Wie sehr unser Körper auf komplexe Wechselhaltungen angewiesen ist, zeigt er auch während des nächtlichen Schlafs. So basiert ein gesunder Schlaf auf bis zu 60 Schlafpositionswechseln beim Einschlafen und Wiedereinschlafen sowie in den Traumphasen. Und gerade hier hätten Einschränkungen schnell einen störenden Einfluss auf unsere Stoffwechselfunktionen. Deswegen müssen wir uns ungestört drehen und wenden können. Dies dient unter anderem der Hautdurchblutung, denn wenn wir immer auf der gleichen Stelle liegen, wird sie dort beeinträchtigt und es können Schmerzen auftreten. Außerdem benötigt unsere Muskulatur Abwechslung. Das bedeutet, dass das Liegesystem unsere natürliche Bewegungsfreiheit nicht stören darf.

Starre Regulationen würden verhindern, auf Störungen bedarfsgerecht und adäquat zu reagieren. Die Entstehung von Krankheiten ist in der Regel dadurch gekennzeichnet, dass die Komplexität physiologischer Funktionen und entsprechende Verhaltensparameter abnehmen.

Exemplarisch werden Erkenntnisse einiger Forschungsarbeiten zusammenfassend dargestellt:

- Søndergaard et al. (2010) zeigten, dass sich Diskomfort beim Sitzen nicht über die Betrachtung einzelner diskreter Werte (z. B. ein bestimmter Gelenkwinkel) abbilden lässt (lineare Betrachtung). Ebenso konnte die häufig vertretene Meinung, dass variables Sitzen (Empfehlung zu häufigerem Wechsel der Sitzpositionen) streng positiv zu assoziieren ist, nicht bestätigt werden. So zeigte sich, dass eine größere Sitzvariabilität mit größeren Diskomfort-Werten verbunden ist.
- Fenety und Walker (2002) kommen in ihren Untersuchungen zu ähnlichen Erkenntnissen. Ein geringer Diskomfort spiegelt sich stattdessen in hohen Komplexitätswerten (nicht lineare Betrachtung) des Sitzens wieder (Søndergaard et al. 2010).
- Deffeyes et al. (2009) analysierten das Sitzverhalten von normal entwickelten Kindern und Kindern mit Entwicklungsstörung (z. B. aufgrund von Zerebralparesen). Hierbei zeigte sich, dass die entwicklungsgestörten Kinder eine geringere Komplexität (geringere Entropie, geringerer Lyapunov-Exponent) beim Sitzen aufweisen als Kinder mit normalen Entwicklungsverläufen.
- Sung et al. (2007) überprüften die neuromuskuläre Aktivität von gesunden Personen und Personen, die häufig von Rückenschmerzen („lower back pain") betroffen sind. Dabei wurde deutlich, dass gesunde Personen eine größere Entropie (Komplexität) in den EMG-Mustern generieren als Personen mit Rückenschmerzen.

Zusammenfassend lässt sich festhalten, dass sich Komplexitätsanalysen in verschiedenen Bereichen eignen, um krankhafte Verhaltensweisen von physiologischen zu differenzieren. Durch die Wahl unseres Lebensstils können wir die schädlichen Auswirkungen von physiologischem Stress mildern oder verstärken.

3.3. Alles Leben ist Bewegung

Die Spezies Mensch ist nicht für längeres Sitzen, sondern für Bewegung geschaffen. Aber Bewegung ist nicht gleich Bewegung. Die meisten Menschen assoziieren mit dem Begriff sportliche und fitnessbezogene Bewegungsformen wie beispielsweise Joggen, Yoga, Gewichttraining oder das Ausüben einer Sportart. Hierbei handelt es sich um organisierte bzw. in ihrer Intensität und Wirkung geplante körperliche Aktivitäten. Wenn aber an dieser Stelle von Bewegung oder körperlicher Aktivität gesprochen wird, geht es nicht um diese sportart- und fitnessbezogenen Aktivitäten, die ohne Zweifel im Rahmen eines gesundheitlichen Handelns ihre Berechtigung haben. Wir betrachten hier vielmehr die erforderlichen Bewegungen, die im alltäglichen Verlauf für unser körperliches und geistiges Wohlbefinden entscheidend sein können. Das sind muskuläre Aktivitäten, die sich regelmäßig spontan – uns selten bewusst – selbst organisieren, beispielsweise unruhiges Hin- und Herrutschen oder Kippeln auf Stühlen, Stand- und Spielbeinwechsel im Stehen, Umherlaufen, mit den Fingern auf den Tisch trommeln, Gestikulieren beim Reden etc.

Garland et al. (2011) sehen in den spontanen Bewegungen wichtige muskuläre Kontraktionen für die Homöostase[1], also zur aktiven Herstellung und Aufrechterhaltung möglichst konstanter Bedingungen im Rahmen des komplexen menschlichen Systems.

Abb. 3.4 Alltagsbewegungen haben einen hohen gesundheitlichen Nutzen

---

1   griech. „homoios" (gleich), „stasis" (Stehen, Stillstand)

Johannsen und Ravussin (2008) fanden heraus, dass das quantitative Ausmaß spontaner Bewegungen bei Menschen sehr unterschiedlich zur Entfaltung kommt und auch familiär geprägt ist. Die Umwelt bzw. die Raumgestaltung haben aber einen signifikanten Einfluss auf die individuelle Entfaltung spontaner Bewegungen (Ravussin 2005).

Folglich wird unsere Fitness bestimmt durch das Maß der sportlichen Aktivität; gesunde körperliche, geistige und emotionale Wechselwirkungsfunktionen werden dagegen eher durch solche Bewegungen organisiert, die sich im Verlauf des Alltags spontan und intuitiv entfalten, wenn ein spezieller Bedarf es erforderlich macht (Abb. 3.4).

Bewegung ist ein Grundbedürfnis wie Essen, Trinken, Schlafen, Liebe, Wertschätzung und soziale Bindung. Und ähnlich wie sich bei einem Hungergefühl ein Bedarf nach Nahrung ergibt, kann ein spontaner Bedarf nach Bewegung auftreten, um ein körperliches, geistiges und emotionales Wohlbefinden aufrechtzuerhalten oder wiederherzustellen.

Schon der berühmteste Arzt des Altertums, Hippokrates (460–370 v. Chr.), hat den Zusammenhang von Bewegung, Aktivität und Gesundheit erkannt. „Alle Teile des Körpers, die zu einer Funktion bestimmt sind, bleiben gesund, wachsen und haben ein gutes Alter, wenn sie mit Maß gebraucht werden und in den Arbeiten, an die jeder Teil gewohnt ist, geübt werden. Wenn man sie aber nicht braucht, neigen sie eher zu Krankheiten, nehmen nicht zu und altern vorzeitig."

Ein aktiver und bewegter Lebensalltag

- verbessert das Gedächtnis,
- vermindert depressive Symptome,
- steigert die geistige Leistungsfähigkeit,
- wirkt präventiv degenerativen und demenziellen Erkrankungen entgegen.

Ganz gleich, welche Effekte Bewegung bei uns bewirken, stets sind es muskuläre Kontraktionen, die diese Erfolge auslösen. In der Stimulation der Muskulatur, unseres größten Stoffwechselorgans, liegt einer der wichtigsten Schlüssel für unsere ganzheitliche Gesundheit. Denn die faserigen Gewebe, so wissen Forscher seit wenigen Jahren, sind nicht nur ein in sich abgeschlossenes System, das uns auf Anweisung des Gehirns mechanisch vorantreibt. Außerdem bilden sie ein bedeutendes Organsystem, welches mit sämtlichen Organen des Körpers in Verbindung steht und diese nicht nur stärkt und kuriert, sondern auch positive physische, mentale und emotionale Wechselwirkungsfunktionen erzeugt.

Sobald Muskelfasern in Bewegung geraten, werden unentwegt molekulare Botenstoffe freigesetzt (unter anderem Eiweißstoffe, Enzyme, Hormone), die den Stoffwechsel im gesamten Körper positiv beeinflussen. So weiß die Zeitschrift GEO (2013/50) zu berichten, dass Forscher in den vergangenen Jahren fast 3.000 unterschiedliche Eiweißstoffe identifiziert haben, die die Muskeln bei ihrer Arbeit freisetzen und in den Blutstrom einspeisen. Unter diesen Eiweißen sind Hunderte hormonähnlicher Substanzen, die dadurch in den Körper wandern. Dabei gilt: Je mehr Muskelbeanspruchung, desto mehr dieser Signalstoffe können freigesetzt werden, die dann wichtige Lebensfunktionen des gesamten Körpers unterstützen. So wird unter anderem die Verwertung von Zucker und Fett begünstigt, was vor Übergewicht und Diabetes schützt. Bey und Hamilton (2005) bestätigten beispielsweise die verbesserte Fettregulation durch das Enzym Lipoproteinlipase schon bei geringen muskulären Kontraktionen.

Und schließlich nimmt die Muskelaktivität und die damit aktivierte Tiefensensibilität auch Einfluss auf unser Gehirn (vgl. Kap. 3.4.). Sie unterstützt die Bildung von Nervenzellen und Synapsen, macht das Gehirn alerter und wirkt Depressionen und Demenzerkrankungen entgegen. So berichtet der Hirnforscher Gerald Hüther in einem Interview mit der Zeitschrift GEO (2013, 142 f.), dass die Verschaltungen im Gehirn nicht durch Gene angelegt sind, „sondern während seiner Entwicklung nach und nach von selbst entstehen" und das schon in der pränatalen Phase. „Sie bilden sich, weil Muskeln zucken und das Gehirn das registriert; indem das Gehirn dann reagiert und Signale an die Muskeln sendet, die diese wiederum mit einer Reaktion beantworten." So entwickle sich eine Schleife, ein neuronales Muster, dessen Verknüpfungen sich immer mehr verstärken. Es ist ein wechselseitiger Prozess, bei dem das Kind allmählich die Bewegung erlernt und diese dann immer koordinierter werden.

Natürlich geschieht all dies nicht bewusst und absichtsvoll – „intelligent" sind unsere Muskeln nicht. Es ist ein Prozess der Selbstorganisation. Der Mensch ist ein Wunderwerk, dessen biologische Funktionen und biochemische Prozesse meisterhaft aufeinander abgestimmt sind – ein Bewegungskünstler, der so agil, gelenkig und ausdauernd ist wie kein anderes Lebewesen (Abb. 3.5).

Abb. 3.5   Der Mensch als Bewegungskünstler

Seit Millionen von Jahren ist der Mensch auf Gehen, Klettern, Hangeln, Balancieren sowie auf diverse Wechselhaltungen wie Liegen oder Kauern auf dem Boden „trainiert". Vor noch nicht allzu langer Zeit – die Menschheitsgeschichte betreffend – vollbrachten die Menschen Tag für Tag athletische Höchstleistungen, wenn sie Nahrung suchten, wilden Tieren nachstellten oder Werkzeuge, Waffen und Unterkünfte bauten. Bewegung war bis vor etwa 50 Jahren ein erforderlicher und spontaner Bestandteil des Alltags zur Sicherung unserer Lebensgrundlagen (vgl. Kap. 2.1.).

So entstand im Zuge der Auseinandersetzung mit Umweltbedingungen – Assimilation und Akkommodation – ein hochkomplexes System, das immer weiter vererbt und optimiert wurde, von Generation zu Generation (nach Darwin „Survival of the Fittest"). Es bürgt für optimale biologische und biochemische Wechselwirkungsfunktionen, sichert Gesundheit und Wohlbefinden, aber eben nur so lange, wie ein Individuum auf seine Bedürfnisse spontan und selbst organisierend reagieren kann. Das ist das Prinzip der Evolution. Es gilt noch heute. Sitzend hätte der Mensch wohl in der Vergangenheit kaum sein Überleben garantieren können, und sitzend wird der Mensch auch in der Zukunft seinen „schleichenden Tod" selbst bestimmen (Abb. 3.6; vgl. Kap. 1.3.).

Die vielfältigen Zivilisationskrankheiten, vom Rückenschmerz über Stoffwechselstörungen bis hin zur Depression und bestimmten Krebserkrankungen, haben in einer nicht „artgerechten" Lebensweise ihre entscheidende Ursache. Globalisierung und Technisierung haben die Arbeitswelt in den letzten Jahrzehnten rasant verändert. Im Zuge der Bedeutung von Wissen und Informationen als gegenwärtige „Rohstoffe" und „Werkzeuge" haben heute immer mehr

Abb. 3.6   Sitzen, das neue Rauchen

Abb. 3.7   Denaturalisierte
Arbeitsplatzverhältnisse

Menschen in ihrem Arbeitsalltag sitzend mit Bits und Bytes anstatt mit Schaufel und Spaten zu tun.

Wer täglich elf Stunden oder mehr auf dem Stuhl oder Sofa verbringt, steigert damit sein Sterberisiko deutlich. Das gilt sogar für jene, die Ausgleichssport betreiben (vgl. Ekblom-Bak et al. 2010).

Bewegungsmangel sowie Arbeitsplätze mit überwiegend sitzender Tätigkeit bei einseitiger „sensorischer Kost" (Reizüberflutung von Auge und Ohr) sind in unserer Genetik noch ebenso wenig vorgesehen wie einseitige repetitive motorische Abläufe (Abb. 3.7). Erschwerend kommt hinzu, dass wir beispielsweise bei den Empfehlungen zum richtigen Sitzen anthropologische Gesetzmäßigkeiten seit Jahrzehnten grob fahrlässig außer Acht lassen und uns statt dessen zu sehr auf Verhaltensempfehlungen wie das rückenentlastende, rückenschonende Sitzverhalten fokussieren, die sich an einem orthopädisch-biomechanischen Ideal orientieren.

3.4. Sind die Sinne aus der Balance, ist der Mensch aus der Balance

Der Zivilisationsprozess der Menschen in den Industriegesellschaften hat zur Folge, dass lineare Verhaltensweisen (etwa stundenlanges passives Sitzen vor dem Bildschirm) und Verhaltensempfehlungen (z. B. lendenlordosengestütztes Sitzen, Wechseln der Sitzpositionen, Ausgleichsgymnastik am Bildschirm) komplexen körperlichen Verhaltensweisen (z. B. körperliche Arbeit in Garten- und Landwirtschaft, Jagd zur Nahrungsbeschaffung) und damit natürliche und physiologische Verhaltensparameter immer mehr verdrängt haben. Tatsache ist, dass sich speziell durch die in den letzten Jahrzehnten „tsunamihafte" Entwicklung der Computer- und Informationstechnologie das Verhaltensprofil von Erwachsenen, Kindern und Jugendlichen zunehmend verändert hat (Abb. 3.8). Immer mehr wird die spontane körperliche Bewegung zugunsten multimedialer Anwendungen – welche fast ausschließlich sitzend erledigt werden – aus dem Alltag herausgedrängt.

So können wir heute von einer Dominanz unseres visuellen und akustischen Systems bei der Bewältigung von Alltagsaufgaben ausgehen. Damit verlagert sich die „Waage der sensorischen Information" immer mehr zuungunsten eines Sinnessystems, welches unter anderem für unser Körperbewusstsein sowie für die physiologische Ordnung unserer Haltungs- und Bewegungsleistungen verantwortlich ist, die Propriozeption oder Tiefensensibilität (vgl. S. 24).

Abb. 3.8   Einseitige Sinneskost

Die verkannte Tiefensensibilität

Schließen wir die Augen, so haben wir dennoch eine klare Kenntnis von der Position unseres Körpers und seiner Körperteile. Wir nehmen uns wahr, fühlen beispielsweise, dass wir während des Stehens leicht hin- und herpendeln. Wir wissen, ob die Arme angewinkelt oder gestreckt, die Muskeln angespannt oder entspannt sind. Diese Wahrnehmung des eigenen Körpers erscheint uns alltäglich, beinahe banal, doch dahinter steckt ein hochkomplexer Prozess. Humanbiologen sprechen hier von der Tiefensensibilität oder Propriozeption[2]. Zuständig dafür sind Millionen winziger Sensoren, die sich in Muskeln, Sehnen und Gelenken befinden. Diese „Augen" des Körperinneren erfassen jede Position eines Körperteils, registrieren jede noch so kleine Veränderung. Diese Informationen werden noch ergänzt durch das vestibuläre System (das Gleichgewichtsorgan betreffend). Pausenlos übermitteln diese Sensoren Botschaften über Nervenbahnen zum Gehirn (Abb. 3.9).

Abb. 3.9   Im Gleichgewicht zu bleiben, erfordert ein sich ständig selbst organisierendes, fein abgestimmtes Zusammenspiel von sensorischer Verarbeitung und adäquaten muskulären Reaktionen

Funktioniert dieses Meldesystem nicht reibungslos, ist nicht nur unsere Körperwahrnehmung beeinträchtigt, wir sind auch zu keiner geordneten Haltungs- und Bewegungsleistung fähig. Das sensoneuromuskuläre Zusammenspiel ist gestört.

Die durch Bewegung ausgelöste Stimulation der Gelenk-, Sehnen- und Muskelrezeptoren löst die Weiterleitung der Meldungen an das Gehirn aus – sowohl an das Kleinhirn und den Hirnstamm, und dort insbesondere an die sogenannte retikuläre Formation, als auch an die sensorischen und motorischen Felder der Hirnrinde. Sie werden gekoppelt mit vestibulären

---

2   lat. „proprius" (eigen), „recipere" (aufnehmen)

und taktilen Informationen – aufgenommen über den Gleichgewichts- und Tastsinn. Diese komplexen Prozesse laufen derart im Hintergrund ab, dass wir uns damit in der Regel nicht bewusst beschäftigen. Sie sind somit die Grundlage einer bedarfsgerecht sich selbstorganisierenden physiologischen Haltungs- und Bewegungsleistung (s. Beispiel freies Stehen S. 110).

Je mehr Körper- und Bewegungsgefühl ein Mensch besitzt, desto ausdifferenzierter wird das Spannen und Entspannen der Muskulatur verarbeitet und desto besser ist er in der Lage, seine Körperhaltung, auch die im Sitzen, im Sinne eines komplexen Verhaltens zu regulieren. Voraussetzung: Die an der Körperhaltung beteiligten sensomotorischen Regelvorgänge müssen die Möglichkeit haben, angemessen auf lokale „Stressoren" zu reagieren. Jede äußere Einschränkung im Sinne rigider, linearer Verhaltensvorgaben (wie die Synchronmechanik bei vielen Bürostühlen) würde diese komplexe Selbstregulation begrenzen und damit „Diskomfort" begünstigen.

Dieses für das Körperbewusstsein sowie physiologische sensomotorische Regelvorgänge so wichtige vestibulär-propriozeptive System hat sich im Zuge der Evolution – der Aufrichtung des Menschen – ebenso angepasst wie das muskuloskelettale System.

Hinsichtlich unserer komplexen haltungsphysiologischen Prozesse erfüllt das durch das zentrale Nervensystem koordinierte sensoneuromuskuläre Funktionsgefüge zwei wesentliche Aufgaben (vgl. Ludwig u. Schmitt 2006). Es soll verhindern, dass

- unsere Körpersegmente, die sehr beweglich aufgebaut sind, in sich zusammensacken (also das interne Gleichgewicht aufrechterhalten),
- unser Körper umkippt (also das externe Gleichgewicht garantieren).

So ist die Körperhaltung stets das aktive Produkt einer genau abgestimmten Muskelaktivität (Dietz 1996). Man spricht in diesem Zusammenhang von neurokybernetischen Prozessen. Eine physiologische Haltungskontrolle (posturale Kontrolle) ist immer dann gewährleistet, wenn wir uns – aufrecht stehend oder gehend – in einem labilen Gleichgewichtszustand befinden (Abb. 3.10).

Eine minimale Änderung des Tonus eines haltungsbeeinflussenden Muskels wird automatisch die Lage des hoch liegenden Körperschwerpunktes ändern und damit auch die sensorischen Informationen der Propriozeptoren (Duysens et al. 2000, Patla et al. 1999). Die motorischen Zentren im Hirnstamm reagieren darauf direkt mit einem Korrekturprogramm in Form von Tonuserhöhung bzw. -verminderung einzelner Haltemuskeln. Dieser sensomotorische Vorgang bewirkt, dass wir stets komplex um einen Gleichgewichtszustand pendeln, ohne dies

Abb. 3.10   Haltungskontrolle

eigentlich bewusst wahrzunehmen. Haltung ist also mitnichten ein statischer Zustand und sollte auch nicht in einer statischen Sitzhaltung münden.

Die Qualität unseres vestibulär-propriozeptiven Systems bleibt nur erhalten, wenn es regelmäßigen Stimulationen ausgesetzt ist. So wie das Auge Licht und etwas zu sehen und das Gehör Klang und Geräusche benötigen, so brauchen Gleichgewichtsinn sowie Muskel- und Bewegungssensoren komplexe Bewegungsstimulationen. Am deutlichsten wird dies bei Kindern: Ihre hochsensiblen vestibulär-propriozeptiven Reifungsprozesse suchen ständig nach „Nahrung" (Abb. 3.11). Dies bedeutet, dass ihr ständiger Drang zum Klettern, Balancieren, Hangeln und Hängen, Springen und Hüpfen sowie Kippeln auf Stühlen nur ein Ziel hat – ihre Reifungsprozesse nachhaltig durch Bewegungsqualität zu unterstützen.

Kommt es, wie beim längeren Sitzen auf starren Sitzmöbeln zu beobachten, zum typischen „Zusammensacken" des Körpers, „irritiert" dies zunächst unser körpereigenes Meldesystem. Es wird sich aber irgendwann an diese „gewohnte" Körperhaltung anpassen und diese schließlich als „richtig" einstufen. Ist es so weit gekommen, wird eine Aufrichtung in die physiologische Haltung des Individuums erst einmal als unangenehm empfunden.

Die Folgen dieser durch die heutige Inaktivität und durch rigide Sitzverhältnisse begünstigten unausgewogenen vestibulär-propriozeptiven Stimulation zeigen sich unter anderem in einem mangelhaften Körperbild und -schema, welche natürlich auch das Haltungsgefühl und -bewusstsein sowie physiologische Haltungsprozesse negativ prägen. Sie reichen aber in einem komplexen System, in dem die Veränderung in bestimmten Teilbereichen eine Zustandsänderung des ganzen Systems bewirken kann, noch weiter. Wie neuere neurowissenschaftliche Studien eindeutig belegen, haben mangelnde vestibulär-propriozeptive Stimulationen auch

Abb. 3.11   Reifungsprozesse suchen ständig nach „Nahrung"

einen negativen Effekt auf unsere hirnphysiologischen Stoffwechselprozesse, sodass auch unsere geistige Arbeit darunter leidet (vgl. Hollmann et al. 2005).

3.5. Bewegung und Kognition – nur wer sich bewegt, kann etwas bewegen

„Bewegung formt das Gehirn", „Bewegung: Doping für das Gehirn" oder „Bewegung macht schlau". Solche Schlagzeilen lesen wir seit Jahren überall. Aber was ist eigentlich dran an diesen zum Teil überladenen Formulierungen?

Viel – das meinten schon vor mehr als tausend Jahren die Schüler von Aristoteles, die Peripathetiker („Umherwandler"), die sich ihr Wissen während des Umhergehens in großen Wandelhallen angeeignet haben. Auch jüngste Studien können den positiven Einfluss von moderater und vor allem freiwilliger Bewegung auf das Denken bestätigen (Booth et al. 2014). So wurde jüngst die kognitive Leistung z. B. von Senioren in Bezug auf ihre körperliche Aktivität untersucht. Hierbei stellen die Autoren fest, dass die körperlich Aktiveren auch bessere kognitive Ergebnisse erzielten (vgl. Abbott et al. 2004). In der Schule ist das Prinzip des „bewegten Unterrichts" heutzutage ein gängiger Begriff (Abb. 3.12), wenn es darum geht, die Gesundheit, Aufmerksamkeits- und Konzentrationsleistung sowie den Lernerfolg im Schulalltag zu fördern (vgl. Dordel u. Breithecker 2003, Silberzahn 2012).

Abb. 3.12   Lernen und Bewegen im Lebensraum Schule (Fridtjof-Nansen-Grundschule, Hannover)

Im Zuge moderner bildgebender Verfahren – die ersten Erkenntnisse lieferte der schwedische Wissenschaftler Eriksson 1998 – konnten Forscher in den letzten Jahren die interaktive Verflechtung von körperlichen und geistigen Prozessen nachhaltig belegen. Neben Ausdauertrainingsformen (Ameri 2001) sind es vor allem komplexe Bewegungen (Budde et al. 2008, Kwak et al. 2009, Lopes et al. 2013), welche dazu beitragen, die Hirnareale so zu beanspruchen, dass dadurch nervenzellschützende Botenstoffe, unter anderem die Neurotransmitter Serotonin und Dopamin, ausgeschüttet werden, welche die Neubildung, Verschaltung und Erhaltung neuronaler Strukturen gewährleisten und den Nervenstoffwechsel sowie damit den akademischen Erfolg fördern. Das heißt: Bewegung kommt nicht nur vom Kopf, Bewegung

Abb. 3.13   Lern- und Arbeitsräume sind auch Bewegungsräume (Fridtjof-Nansen-Grundschule, Hannover)

Abb. 3.14   Lern- und Arbeitsräume sind auch Bewegungsräume

nützt auch dem Kopf. Vor allem freiwillig durchgeführte körperliche Aktivitäten erhöhen die Neurotransmitterkonzentrationen (Serotonin, Dopamin) und haben einen nachhaltigen Effekt auf die exekutiven Funktionen. Diese werden den höheren geistigen Leistungen zugeordnet. Sie sind notwendig, um Handlungen zu planen, Lernprozesse zu organisieren und Aufmerksamkeit zu steuern (Kubesch 2008).

Folglich sind im Zuge dieser Erkenntnisse auch vermehrt Diskussionen um eine „sinnvolle" (hier: doppeldeutig und die Sinne des Körpers, das vestibulär-propriozeptive System betreffend) und geeignete Veränderung von Schul- (Abb. 3.13) sowie Büroarbeitsplätzen (Abb. 3.14) entstanden, in denen es um eine aktivere und bewegungsintensivere Raumkonzeption geht (Breithecker 2013).

Eine regelmäßige Aktivierung unserer bewegungsabhängigen Sensorik – Gleichgewichtssinn/ Muskel- und Bewegungssinn – ermöglicht nicht nur unsere gut koordinierten Haltungs- und Bewegungsleistungen (vgl. S. 119) sondern sorgt auch für die notwendige geistige Frische. Statisch-passives Sitzen und körperliche Inaktivität dagegen unterfordern dieses Sinnessystem, es lässt seine Funktionen verkümmern – „Use it or lose it".

Wirkung von moderater Bewegung auf hirnphysiologische Funktionen

- Erhöhung der Gehirndurchblutung um 13,5 % bei nur 25 Watt körperlicher Belastung, das entspricht z. B. normalem Gehen
- Steigerung des Wohlbefindens durch die Ausschüttung bestimmter Hormone
- Vermehrung der Kontaktstellen (Synapsen)
- Optimierung des Aktivationsniveaus vom Gehirn, dadurch gute Grundlagen für geistige Leistungsfähigkeit

Methoden: Fingerbewegungen, Grimassen schneiden, Kaugummi kauen, Kippeln auf Stühlen, Wippen auf Gymnastikbällen, Balanceaufgaben etc.

Jeder von uns hat dies schon mehr oder weniger selbst erfahren. Man sitzt hoch motiviert und voller Konzentration in einer Konferenz oder hört aufmerksam einem Vortragenden zu. Nach etwa 25 bis 30 Minuten machen sich erste Konzentrationsprobleme bemerkbar. Wenige Minuten später findet man sich eher beim „geistigen Vagabundieren" und weniger bei den Inhalten des Vortrages wieder. Nicht nur die mangelnde Versorgung des Gehirns mit Blut und damit mit Sauerstoff ist hier die Ursache. Die zur Passivität verurteilten vestibulär-propriozeptiven Funktionen versorgen das Gehirn nicht mehr mit der notwendigen bewegungsabhängigen „Nahrung", sprich mit Proteinen und Hormonen. Die Folge: Unser „psychomentales Aktivationsniveau" (Imhof 1995) fällt, was einen unweigerlichen Verlust an Aufmerksamkeit und Konzentration sowie geistiger Leistungsfähigkeit zur Folge hat. Dieses Muster wiederholt sich stets bei uniformen Anforderungen wie beim statischen, passiven Sitzen.

Erst wenn es im Körper anfängt, unangenehm zu „zwicken", sucht der leidende Organismus nach kompensatorischer körperlicher Aktivität. Recken, Strecken, Kippeln oder unruhiges Hin- und Herrutschen auf dem Stuhl – als kompensatorische Selbstregulation zur Aufrechterhaltung der psychomentalen Aktiviertheit – sind nunmehr eher willkürliche Maßnahmen, die dem „geistigen und körperlichen Überleben" dienen. Sie lenken von der konzentrierten Tätigkeit ab.

Unseren evolutiven Gesetzmäßigkeiten zufolge sind wir so organisiert, dass ein „Diskomfort" unser Bewusstsein zunächst gar nicht nachhaltig belastet. Hierzu braucht unser komplexes System aber bestimmte Bedingungen, um autonom reagieren zu können. Wir müssen bedarfsgerechte Verhaltensweisen im Rahmen adäquater (Arbeits-)Verhältnisse autonom und spontan ausleben können, also etwa die Möglichkeit haben, aufzustehen und umherzugehen (Abb. 3.15).

Abb. 3.15   Telefonieren mit spontaner Bewegung im Raum

Unbewusst und spontan ausgelebte Verhaltenserfordernisse dienen dazu, eine Desorganisation des (körperlichen und geistigen) Verhaltens zu verhindern. Dies wird dahingehend interpretiert, dass die sich selbst organisierenden spontanen Verhaltensmuster „die Effekte der mangelnden Stimulation durch die sensorische Wahrnehmung kompensieren, weil die Formatio reticularis, die die Aufrechterhaltung der allgemeinen Hintergrundaktivität reguliert, durch die von den Körperbewegungen ausgelösten Afferenzen stimuliert worden ist und sich diese Stimulation entsprechend ausgebreitet hat, sodass bei den deprivierten Personen die Hintergrundaktivität besser erhalten geblieben ist" (Imhof 1995, S. 226). So kann das Erleben von Monotonie, welche sich „in reizarmen Situationen bei längerdauernder Ausführung sich häufig wiederholender gleichartiger und einförmiger Tätigkeiten" (Ulich 1992, S. 282) einstellt, dann abgemildert werden, wenn der Mensch die Möglichkeit hat, entweder „lebendig" zu sitzen, zwischendurch regelmäßig aufzustehen (Arbeiten am Stehpult) oder sich im Raum zu bewegen.

Die als „Embodiment", also Verkörperlichung, bezeichnete ganzheitliche Einbindung des Mitarbeiters in hoch konzentrierte Arbeitsphasen baut auf der wissenschaftlichen Erkenntnis, dass unser Denken nicht nur ein Gehirn voraussetzt, sondern auch den Leib, der mit seiner Umwelt interagiert. Anders gesagt: Kognition findet nie auf einer ausschließlich geistigen Ebene statt, sondern hat immer auch eine körperliche Dimension. Und vor allem stehen beide, Körper und Kognition, in einer vitalen Wechselwirkung.

4. Das „reizende Büro"

Die Arbeitswelt ist im Wandel: Eine zunehmende Globalisierung, neue Technologien und Verfahren, zunehmender Wettbewerb stellen sowohl Beschäftigte als auch Unternehmer vor immer neue Herausforderungen. Zugleich werden Belegschaften im Zuge der demografischen Entwicklung einerseits immer älter. Andererseits eröffnet das der sogenannten „Y-Generation" die Chance, den Arbeitsplatz zu favorisieren, der ihren Bedürfnissen und Wertvorstellungen besonders entspricht. Können da bestehende Arbeitsplatzkonzepte mithalten (Abb. 4.1)?

Für den Erfolg eines Unternehmens wird in Zukunft die geistige Fitness der Beschäftigten ebenso wichtig sein wie deren soziale Zufriedenheit und die körperliche Gesundheit. Das heißt aber auch, dass bezüglich der Diversität der Mitarbeiterstruktur (Junge und Alte, Frauen und Männer, unterschiedliche Kulturen, Religionen und Lebensanschauungen) und damit ihrer heterogenen Bedürfnisse komplexere Arbeitsplatzkonzepte erforderlich sind. Jeder Mensch ist von Natur aus mit unterschiedlichen Fähigkeiten, Eigenschaften, Anschauungen und auch Bedürfnissen ausgestattet. Werden diese bei der Gestaltung der Arbeit nicht angemessen berücksichtigt oder auch nur einseitig genutzt, verkümmern Potenziale. Denn nur was gebraucht wird, bleibt auch gesund und abrufbar.

Der Arbeitsplatz heute ist für die meisten Menschen für mindestens acht Stunden am Tag ihr Lebensraum – im Idealfall ein Raum des Wohlbefindens, der individuellen Gesundheitsentfaltung, des sozialen Austauschs sowie der geistigen Wertschöpfung. 83 % der Menschen legen

Abb. 4.1   Konservatives Arbeitsplatzangebot

deshalb auch gesteigerten Wert auf eine gute Arbeitsumgebung und -ausstattung[1] (StepStone 2011). Gleichzeitig wächst das Interesse an flexibleren Arbeitsplatzmodellen.

Nach wie vor sind die Weichen in vielen Unternehmen nicht auf den Umgang mit diesen Herausforderungen gestellt. Das findet seine Bestätigung auch darin, dass Deutschland im Ranking der geäußerten Arbeitsplatzzufriedenheit im weltweiten Vergleich[2] weit unter Durchschnitt liegt (Bohulskyy et al. 2011). Insofern sind Raumkonzepte, die den Menschen ausschließlich an seinen Computerarbeitsplatz „fesseln", nicht human und letztlich auf Dauer auch wenig wirtschaftlich. Dagegen finden flexible Arbeitsplatzkonzepte in allen Altersgruppen Zustimmung und werden nicht nur von Jüngeren erwartet (vgl. Johnson Controls 2010).

Solche flexiblen Arbeitsplatzkonzepte sorgen nicht nur für mehr Zufriedenheit, Firmenbindung und Wertschöpfung, sondern auch „ganz nebenbei" für mehr Haltungswechsel und Bewegung mit den beschrieben positiven Wechselwirkungsfunktionen für Körper und Geist. Arbeitsplätze, die das alles bieten, basieren natürlich auf einem entsprechenden Raumkonzept. Dieses Thema wurde lange eher stiefmütterlich behandelt, gewinnt aber in den vergangenen Jahren mehr an Bedeutung, nicht zuletzt auch durch die Zunahme von Krankheiten und Arbeitsausfalltagen.

Räume können nach zwei Aspekten betrachtet werden: dem technisch funktionalen und dem affektiv-emotionalen Aspekt. Zum *technisch funktionalen Aspekt* gehören eher die Raumelemente, die Ausstattung und Gestaltung der Arbeitsräume. Sie werden von sehr vielen genormten Vorgaben getragen, wie z. B. ein Computerarbeitsplatz auszusehen hat und wie sich der Mensch daran „richtig" verhalten soll. Dies folgt dem klassischen Ursache-Wirkungs-Prinzip. Wir erwarten, dass die orthopädisch-biomechanisch gewichteten ergonomischen Standards ein geringeres Risiko in sich tragen, an Rückenproblemen zu erkranken. Dieses lineare Denken entspricht aber nicht dem Ist-Zustand, dass das ganzheitliche Wohlbefinden des Menschen auf komplexen Wechselwirkungen basiert. Und das setzt die Beweglichkeit der Mitarbeiter voraus – sowohl im Sinne der geistigen Flexibilität als auch ganz konkret der körperlichen Flexibilität mit tätigkeits- bzw. bedarfsabhängigen Arbeitsplatz- und Raumwechseln, mit vielfältigen Begegnungen und sozialem Austausch. Unter diesem Blickwinkel gewinnen die *affektiv-emotionalen Aspekte* der Arbeitsplatz- und Raumgestaltung an Bedeutung. Hier stehen eher die Atmosphäre, das Funktionelle im Vordergrund (Abb. 4.2). Sie üben eine – meist unbewusst – positive Stimulation auf das komplexe menschliche System aus, erzeugen Stimmungen und Befindlichkeiten und beeinflussen damit auch die Leistung, den Umgang miteinander und die Produktivität.

---

1   In dem StepStone Employer Report 2011 wurden 6.000 Personen erfasst.

2   Datenbasis des IAQ Report 2011/03 ist der European Social Survey.

Abb. 4.2   Verhältnisse beeinflussen menschliches Verhalten

Die Bedeutung des Raums hat speziell bei Pädagogen und Philosophen, deren Denken stark anthropologisch ausgerichtet war, eine große Rolle gespielt. Der Raum darf demnach nicht als ein Ort wahrgenommen werden, der durch ISO-Normen und andere analoge Konstrukte geregelt ist und zum linearen Abarbeiten von Aufgabenstellungen dient, er ist auch ein „heimlicher" Bewegungsverführer. Der Mensch befinde sich in diesem Raum nicht wie ein Gegenstand in einer Schachtel. Er ist auch kein traumloses Subjekt, sondern das Leben bestehe ursprünglich im Verhältnis zum Raum (Otto Friedrich Bollnow 1903–1991). Es wird vielmehr stets auf die Wechselwirkung Mensch und Raum verwiesen. Auch Räume seien Wesen, „können heilen, erleben, befrieden, stimulieren oder krank machen und verderben" (Wolfgang Mahlke). Wohlbefinden, Aufmerksamkeit, Konzentration, sozialer Austausch und Produktivität sind sehr stark daran geknüpft, inwieweit Umweltbedingungen diese positiv stimulieren oder nicht (Reiz – Reaktion = Millionen Sensoren am und im Körper registrieren die jeweiligen Informationen aus der Umwelt und kommunizieren Versorgungsbedarf).

Gerade deswegen verstehen wir den Raum als eine Stätte der Anthropogenese, der „Menschwerdung", in dem das komplexe System Mensch angemessene Entfaltungsmöglichkeiten hat.

In der Schulpädagogik spricht man sogar vom Raum als „dritten Pädagogen" (Abb. 4.3). Das Lebensumfeld, der Raum wirkt direkt, aber auch indirekt auf die komplexen körperlichen und geistigen Wechselwirkungsfunktionen des Menschen. Somit bestimmt die Qualität des Raums sowohl sein Handeln als auch sein Wohlbefinden und damit auch seine geistige Leistung.

In diesem Kontext entwickeln sich neben Schulräumen auch Büro- und Konferenzräume immer mehr von reinen „Sitzarbeitsplätzen" zu „Menschen bewegenden" Räumlichkeiten, in denen Arbeit und auch gesundes, produktives Leben ganzheitlich aufeinander bezogen sind. Die

Abb. 4.3   Der Raum als dritter Pädagoge

Umsetzung erfolgt in den drei zentralen Handlungsfeldern „Arbeitsanforderungen", „Arbeitsabläufe steuern und organisieren" und dem „Arbeits- und Lebensraum Büro". Besonders das letztgenannte ist von hoher Bedeutung für einen gesunden und produktiven Arbeitsalltag.

Um Rückenschmerzen und anderen büroarbeitsplatzbezogenen psychosomatischen Krankheiten oder Symptomen entgegenzuwirken und um Arbeitsmotivation, Leistungsfähigkeit, soziales Wohlbefinden und Produktivität aufrechtzuerhalten, sind dringend räumliche Verhältnisse erforderlich, die sich an den komplexen Bedürfnissen der Menschen orientieren. „Environmental Enrichment" steht seit Jahren im Fokus, wenn es darum geht, essenzielle gesunde Verhaltensweisen zu ermöglichen und pathogenes Verhalten zu reduzieren. Dabei geht es primär darum, das körperlich-geistige Wohlbefinden der Mitarbeiter durch eine ausgewogene und möglichst natürliche Stimulation der Sinnesorgane zu fördern.

Unser Sinnessystem ist der wichtige „Jongleur" für unsere körperliche und geistige Balance. Es ist dafür verantwortlich, Umwelt- und Körperinformationen aufzunehmen und für unbewusste als auch bewusste Verarbeitungsprozesse zur Verfügung zu stellen. Der bekannteste Reiz-Reaktions-Mechanismus ist die entwicklungsgeschichtlich geprägte „Flucht-oder-Kampf"-Option bei unmittelbarer Gefahr.

Durch unsere genetische Disposition sind wir hinsichtlich „Wohlbefinden" auf natürliche Sinnesstimulationen geprägt. So fühlen wir uns nicht nur besser, sondern sind auch wesentlich leistungsfähiger, wenn beispielsweise das Auge natürliches Tageslicht oder die Nase frische Luft aufnimmt (Abb. 4.4). In vielen internationalen Studien[3] konnte bereits ein signifikanter

---

3   Unter anderem vom Fraunhofer Institut für Arbeitswissenschaft und Organisation in Stuttgart

Abb. 4.4   Menschen in der Natur
mit einer in der Balance stehenden natürlichen Stimulation

Zusammenhang zwischen „Office-Design" und „Office-Performance" nachgewiesen werden, also der Gestaltung von Büros und der dort erbrachten Leistung.

Immer mehr gesundheitsorientierte Raumkonzepte legen deshalb viel Wert auf Helligkeit, Farben, Design, Akustik und Klima. Dabei fokussiert sich „das reizende Büro" auf eine durch den heutigen Lebensstil – auch konventionelle Büroraumgestaltung – eher vernachlässigte Sensorik, die vestibulär-propriozeptive Sensorik, kurz Tiefensensibilität genannt (s. S. 118). Diese ist, wie in Kap. 3. bereits gesehen, elementar für unser Haltungs- und Körperbewusstsein.

Menschliche Sinne und ihre wahren Bedürfnisse

Folgende menschliche Sinne benötigen für das Wohlbefinden wichtige Stimulationen:

- Optischer Sinn (Auge) = natürliches Tageslicht, Farben, Pflanzen, Natur etc.
- Akustischer Sinn (Ohr) = wohlklingende Melodien, Rauschen eines Baches, entspannte Sprache etc.
- Geruchssinn (Nase) = gutes Raumklima, frische Luft etc.
- Tastsinn (Haut) = natürliche Materialien wie Holz, Papier etc.
- Geschmackssinn = natürliche Gewürze etc.
- Gleichgewichts-, Muskel- und Bewegungssinn = komplexe Haltungswechsel und vielseitige Bewegung im Raum

Eine körperlich reizreichere Umwelt („enriched physical environment") fordert und fördert eine interaktive Verflechtung von körperlichen und geistigen Prozessen nachhaltig. Wohlbefinden im Allgemeinen und vor allem auch geistige Arbeit im Speziellen sind die Nutznießer. Die Forschergruppe um Ickes (2000) konnte z. B. zeigen, dass Ratten, die in einer reizreicheren Umwelt gehalten wurden, mehr nervenzellenschützende Faktoren im Hirn ausschütteten als die Kontrollgruppe. Solche Proteine unterstützen Nervenzellen bei ihrer Differenzierung und erhalten sie am Leben. Sie gelten allgemein als Schlüsselkomponente für die Anpassungs- und Umstellungsfähigkeit des Gehirns (biopositive neuronale Plastizität) und bilden somit die Basis für Denkprozesse.

Diese wichtige Erkenntnis sollte sich auch in einer im wahrsten Sinne des Wortes „sinnvollen" Raumgestaltung widerspiegeln. Ein Raum muss neben den tätigkeitsabhängigen Erfordernissen auch den individuellen sensomotorischen Bedürfnissen der Menschen entsprechen. Damit richtet sich diese Forderung mit aller Deutlichkeit gegen Richtlinien, die immer mehr Arbeitsplatzreduktion und optimierte Flächeneffizienz propagieren. Wenn wir dies tolerieren, dann landen wir automatisch bei der Frage, warum wir heute eine artgerechte Haltung für Tiere wie beispielsweise Legehennen fordern und fördern, für humane Lebewesen aber sowohl in Schule als auch im Büro vernachlässigen (Abb. 4.5).

Konkret bedeutet dies für den Büroalltag: Nicht nur von Mitarbeitern wird heute mehr Mobilität und Flexibilität erwartet. In gleichen Maß muss dies auch für das Arbeitsumfeld gelten. Um das körperliche und geistige Wohlbefinden des Einzelnen sicherzustellen, muss der Arbeitsraum „heimliche Bewegungsverführungen" anbieten, die dem Bedarf an selbstorganisierten Haltungswechseln Rechnung tragen. Ja, der Raum muss diese Bewegungen sogar aktiv einfordern.

Abb. 4.5   Artgerechte Lebensräume?

Singulare verhältnispräventive Ansätze wie der auf orthopädische und traditionelle ergonomische Gesichtspunkte reduzierte Bürodrehstuhl sind im Vergleich dazu ebenso unzureichend wie Empfehlungen zur regelmäßigen Ausgleichsgymnastik, Bewegungspausen oder regelmäßige Sitzhaltungswechsel. Schäden durch längeres Sitzen – bereits vier Stunden Dauersitzen reichen aus, um unseren gesamten Stoffwechsel aus der Balance zu bringen – sind irreversibel, wenn Bewegung nicht regelmäßig(!) und vor allem bei individuellem Bedarf in den Büroalltag integriert werden kann. Wesentlich ist dafür – Beispiele werden wir später noch sehen – häufiges Aufstehen und Umherlaufen.

Die komplex aufeinander abgestimmten körperlichen und geistigen Wechselwirkungsfunktionen des menschlichen Systems sind ein Meisterwerk, welches einen Raum zur individuellen und bedarfsgerechten Entfaltung braucht und keinen Käfig; einen Raum, der dem intrinsischen rhythmischen Bedarf von Statik und Dynamik, von Anspannung und Entspannung einen angemessenen Rahmen bietet (Abb. 4.6).

Der Begriff *Rhythmisierung* orientiert sich an der Forschung zum Biorhythmus. Diesbezüglich sind wir zum einen *tageszeitabhängigen Rhythmen* – Aufmerksamkeits-, Anspannungs- und Entspannungsphasen – unterworfen, zum anderen aber auch *inneren Rhythmen*, das heißt individuellen Leistungsschwankungen, die beispielsweise abhängig sind von Raumbedingungen und arbeitsabhängigen physischen und mentalen Anforderungen.

Jetzt gilt es also, diese Erkenntnisse auf die Arbeitsräume sowie das Arbeitsverhalten zu übertragen. Was aber zeichnet konkret eine flexible und offene Arbeitsplatzkultur aus?

Abb. 4.6 Innere und äußere Haltung in der rhythmischen Entfaltung

Abb. 4.7   „Alles Leben ist Bewegung"

Grundsätzlich ist sie abhängig von den Tätigkeiten, berücksichtigt die sehr unterschiedlichen ganzheitlichen Bedürfnisse und damit die Diversität von Individuen und erstreckt sich über das Arbeiten am klassischen Büroarbeitsplatz hinaus. Das heißt, hohe Flexibilität beim Arbeiten

- an unterschiedlichen Orten (multilokal, ortsunabhängig wie beispielsweise zu Hause, im Zug, im Café, Co-Working-Center etc.),
- zu unterschiedlichen Zeiten (individuelle flexible Arbeitszeitregelungen, ermöglicht dass Arbeit und Freizeit, eine gelebte „Work-Life-Balance", erfolgreich und synergetisch verknüpft werden können),
- in unterschiedlichen Arbeitsformen (konzentriert allein, Projektarbeit in Gruppen).

Daran anknüpfend richtet sich speziell der Bedarf an Raumangebote und an die mobiliare Ausstattung (aufgabenangepasste Arbeitsplatzangebote). Hierzu gehören unter anderem

Abb. 4.8   Besprechung am Hochtisch

- bewegungsunterstützende Bürostühle, Stehhilfen bzw. mobile Hockerelemente, die intuitive Sitzhaltungswechsel (lebendiges Sitzen) für Einzelarbeit oder während Teamgesprächen ermöglichen (Abb. 4.7),
- Sitz-/Stehpulte für das konzentrierte Arbeiten am Einzelplatz („silent room") zur Förderung dynamischer Haltungswechsel (Stehhilfen, Stehmatten für ermüdungsfreieres dynamisches Stehen, Abb. 4.19, S. 148),
- mobile Hochtische als Besprechungsinseln für spontane Konferenzen im Stehen, Steh-Sitzen oder bewegungsunterstützendes Hochsitzen mit Kreativwänden (Abb. 4.8),
- geschlossene und offene Besprechungsbereiche, möglichst mit mobilen und flexibel einsetzbaren Möbelkomponenten für eine unterschiedlich große Anzahl an Konferenzteilnehmern (Hochtische, bewegungsunterstützende Hochstühle, Stehhilfen, schallisolierende Trennwände, Videowand/Interaction-Center),
- Loungebereiche und akustisch abgeschottete Orte für Rückzug und Entspannung oder für geschützte Privatgespräche (Abb. 4.9),
- Räume der Stille und/oder für einen regenerierenden „Powernap", für körperliche Aktivität oder das entspannende Spielen (diese definierten Räume geben Sicherheit, dass ein solcher Bedarf soziale Anerkennung genießt),
- Grünelemente und Wasserobjekte.

Verhältnisse „verführen" zu bewegten Verhaltensweisen! Und das lohnt sich auch schon im ganz Kleinen: So fanden Wissenschaftler an der Mayo Klinik Minnesota (Levine et al. 1999, Levine 2002) heraus, dass motorische Handlungsroutinen des täglichen Lebens wie bewegtes Sitzen, mit den Fingern trommeln, dynamische Haltungswechsel im Stehen, Hin- und Hergehen, Treppensteigen, Gestikulation in der Summe bis zu 350 kcal pro Tag mehr verbrauchen

Abb. 4.9 Entspannter informeller Austausch im Loungebereich

als bei einem ausschließlich passiv sitzenden Menschen. Zwei Vergleichsgruppen wiesen bei einer vergleichbaren Schlafzeit einen diesbezüglichen Unterschied auf. Das heißt, dass sich die durch Arbeitsrahmenbedingungen generierte Spontan- als auch Alltagsmotorik kalorisch hochgerechnet in einigen Kilo Gewichtsdifferenz pro Jahr auswirkt.

Um ein nachhaltiges physiologisches Verhalten sowohl während der Arbeitszeit als auch in der Freizeit sicherzustellen, ist allerdings eine Kompetenzübertragung (Selbstständigkeit, Selbstkompetenz, Bildung) auf die Mitarbeiter erforderlich. Diese müssen Selbst-Verantwortung übernehmen, Mit-Entscheider werden mit dem Ziel einer positiven Lebensstiländerung. Gefordert wird in der Tat ein „Haltungswechsel" (mental und physiologisch), der sich in einem Spannungsbogen vom lebendigen Sitzen über das dynamische Stehen bis zum bewegten Denken und Handeln erstreckt. Um langfristig ein bedarfsgerechtes Verhalten zu entwickeln, muss der Mitarbeiter in den Prozess der gesunden Arbeitsplatz- und auch Lebensalltagsgestaltung hineingezogen werden („Sog-Intervention"). Dies verhindert das blinde Vertrauen auf Mythen sowie das bloße Abarbeiten von Maßnahmen. Es sorgt für eine hohe „Compliance" bzw. „Empowerment": Der Mitarbeiter *will* mitwirken und er hat auch das Gefühl, es zu können.

4.1.　Der Arbeitsraum als „heimlicher Bewegungsverführer"

Die Einrichtung des Büroraums kann unterschiedliches Bewegungsverhalten spontan abrufen und damit physiologisches und produktives Handeln unterstützen. Das im „reizenden Büro" zum Tragen kommende Raumkonzept zielt „ganz nebenbei" auf variable physische Reize. So soll anhand diversifiziert platzierter äußerer Anreize der Mensch immer wieder – auch arbeitsabhängig – zu einem bewegten Verhalten „gelockt" werden. Dabei wird der Büroarbeiter diese „Verführungen" in den meisten Fällen nicht als bewusste Handlungen planen, sie wirken als emotionaler Reiz auf das Unterbewusstsein und lassen somit Bewegungsverhalten in die alltägliche Arbeitsorganisation spontan einfließen.

4.2. 3-D-Ergonomie für lebendiges Sitzen

Grundsätzlich ist festzuhalten: Je weniger Kinder, Jugendliche und Erwachsene sitzen und sich stattdessen vielseitig bewegen, desto besser ist dies für ihre Gesundheit. Trotzdem bringt es der heutige Lebensalltag mit sich, dass immer mehr Zeit sitzend verbracht wird. Dies sollte dann auf Sitzmöbeln geschehen, die den Bedürfnissen eines Menschen entsprechen, das heißt, ihm ein Verhaltensspektrum für bedarfsgerechte funktionale (Sitzhaltungs-) Anpassungen ermöglichen.

Meist stehen hinsichtlich sitzergonomischer Richtlinien die anthropometrischen (die Körpermaße des Menschen betreffenden) sowie biomechanisch-orthopädischen Idealmodelle im Vordergrund. Sie sind wichtig und grundlegend, aber nicht alles. Denn mit den Körpermaßen nimmt auch immer der lebendige Mensch Platz. Und der ist auch während des Sitzens auf regelmäßige Bewegung bzw. Sitzhaltungswechsel angewiesen. Beispielhaft dafür sind Kinder.

„Von Kindern lernen, heißt von der Natur lernen"

Diese etwas pointiert formulierte These beruht auf der Tatsache, dass das Verhalten der Kinder natürlich ist. Bewegung ist hierbei immer spontan bedarfsgerecht und nie Mittel zum Zweck. Ihr von der Natur gegebenes vitales Bewegungsverhalten, beispielsweise ständig in die Pfütze zu springen, zu matschen, auf Bäume zu klettern, auf Stühlen zu kippeln, hat nur eine Bestimmung: Kinder organisieren damit – unbewusst – den qualitativen Verlauf ihrer ganzheitlichen Entwicklung (Abb. 4.10). Ihr Bewegungsdrang basiert auf dem natürlichen Bedürfnis einer sich entwickelnden lebendigen und in Wechselwirkung stehenden körperlich-geistigen Einheit. Aus diesem Grund sprechen wir im Folgenden nicht vom dynamischen Sitzen – die Sitzhaltung dynamisch verändern – sondern vom lebendigen Sitzen, einem Sitzen welches einer bedarfsgerechten Selbstorganisation entspringt und sich komplex entfaltet.

Wie sehr wir von den Gesetzen der Natur lernen können, dokumentiert die Bionik. *Bionik* setzt sich aus den Begriffen Biologie und Technik zusammen. Für technische Probleme werden gezielt Lösungen in der Biologie gesucht. Diese Herangehensweise wird unter anderem dadurch begründet, dass im Laufe der Evolution viele biologische Lösungen optimiert wurden. Als historischer Begründer der Bionik wird häufig Leonardo da Vinci angeführt, der z. B. den Vogelflug analysierte und versuchte, seine Erkenntnisse auf Flugmaschinen zu übertragen.

Abb. 4.10   Das kippelnde Kind
organisiert sein körperliches
und geistiges „Überleben"

Wer nimmt sie nicht wahr, die ständig auf dem Stuhl unruhig hin- und herrutschenden oder sogar nach allen Richtungen kippelnden Kinder. „Die können nicht einmal still sitzen...", so oder ähnlich klagen viele Erwachsene ob der teils akrobatisch anmutenden Sitzvariationen. Nicht allzu selten werden diese Kinder vorschnell als „hyperaktiv" und unkonzentriert etikettiert. Dabei ist diese – in den meisten Fällen – unbewusste und gesunde Bewegungsunruhe(!) ein absolutes Muss, damit die komplexe Geist-Körper-Einheit sich auch in einem restriktiven Lebensraum harmonisch entwickeln kann. Dass Kinder – entwicklungsbedingt – kaum länger als fünf Minuten still sitzen können, lässt mit zunehmendem Alter zwar nach, bleibt aber beim physisch und psychisch gesunden Menschen als eine grundlegende „biologische Intelligenz" ein Leben lang erhalten. Aber: Versuchen Sie mal als Erwachsener auf einem Bürostuhl zu kippeln.

Der Arbeitsstuhl wird trotz aller mahnenden Hinweise, dass wir für das längere Sitzen nicht geschaffen sind – Stichwort: „Dauersitzen ist tödlich", auch in Zukunft eine dominante Rolle einnehmen. Gerade deshalb ist es wichtig, die üblicherweise auf biomechanisch-orthopädischen Annahmen basierenden Paradigmen zum „richtigen Sitzen" zu hinterfragen. Wir erinnern uns an die „intelligente" Selbstorganisation eines auf Selbstschutz ausgerichteten haltungsphysiologischen Systems beim freien Stehen (vgl. S. 110). Auch beim Sitzen sollte dieses wichtige spontane Verhalten zum Tragen kommen. Solange die muskuläre Balance der Nacken-, Schulter- und Rumpfmuskulatur im Sitzen lebendig gehalten wird, ist eine selbstorganisierende physiologische Sitzhaltung gewährleistet (Abb. 4.11).

Komplexe Sitzverhaltensweisen gehen über die inflationären Empfehlungen zum dynamischen oder bewegten Sitzen, wie sie unter anderem bei der Synchronmechanik von Bürostühlen bzw. den Empfehlungen zu regelmäßigen Sitzpositionswechseln beworben werden, hinaus. Diesen Empfehlungen liegt ein lineares Grundverständnis mit einer geringen Vielfalt an spontanen

Abb. 4.11 Der Gymnastikball als erstes Symbol für bewegtes Sitzen. Ein Trainingsgerät, aber für längeres Sitzen nicht geeignet

Sitzvariationen in den Raumdimensionen zugrunde. Komplexe und damit physiologische Sitzverhaltensweisen können aber nicht empfohlen oder vermittelt werden! Sie müssen sich auf der Grundlage körperlicher, geistiger oder emotionaler Bedürfnisse in Form von Mikro- und Makrobewegungen spontan und intuitiv selbst organisieren können.

Dreh- und Angelpunkt hierfür ist eine frei fließende und von der Synchronmechanik losgelöste dreidimensionale Sitzflächenbeweglichkeit zur Förderung eines komplexen Zusammenspiels der Segmente Beine, Becken, Wirbelsäule, Schultern und Kopf. Vor allem der „Freischaltung" des Beckens kommt eine hochgradige Bedeutung zu. Die biomechanische Analyse des Körpers zeigt, dass es vor allem die dreidimensionalen Bewegungen des Beckens sind (Abb. 4.12), die das gesamte Muskel- und Skelettsystem aktivieren und somit

- die physiologischen Haltungswechsel unterstützen,
- die Bandscheiben permanent mit Nährstoffen versorgen,
- die komplexen Rückenmuskeln stimulieren,
- die mehr als 100 Gelenke an der Wirbelsäule in Bewegung halten,
- die inneren Organe dynamisch aktivieren,
- die Blutzirkulation und damit Sauerstoffversorgung optimieren,
- die Hirnstoffwechselprozesse und damit Aufmerksamkeit und Konzentration aufrechterhalten.

Abb. 4.12   Von Natur aus erfordert die Biomechanik des Beckens dreidimensionale Bewegungen mit physiologischen Wirkmechanismen auf das aktive und passive Haltungssystem

Eine innovative mechanische Lösung stellt unter den Bedingungen komplexer Sitzverhaltens-bedürfnisse eine dreidimensionale Funktion der Sitzfläche dar. Diese sogenannte 3-D-Mecha-nik bietet mehr als die bei Bürodrehstühlen gewohnte seitliche Drehbewegung und die durch die Synchronmechanik ermöglichte Lehnen-Sitz-Neigung nach hinten und wieder zurück in die Ausgangsstellung. 3-D-Mechaniken ermöglichen eine kontrollierte Flexibilität des Sitzes nach vorn und hinten sowie zur Seite, sodass Bewegungen rundum bzw. in 360° möglich sind. Dreidimensionale Mechaniken bieten insbesondere dem Becken spontane und am individu-ellen Bedarf orientierte kontrollierte Bewegungsmöglichkeiten in allen Raumdimensionen.

Der Bürostuhlmarkt bietet diverse Angebote, die als 3-D-Stühle beworben werden. So gibt es beispielsweise Lösungen, bei denen die Sitzfläche unabhängig von der Rückenlehne dreidi-mensional beweglich ist, und solche, bei denen die Rückenlehne den seitlichen Bewegungen folgt. Darüber hinaus gibt es Mechaniken, die in der Sitzhöhe federn, also noch zusätzlich eine Auf- und Abbewegung ermöglichen. Auch sogenannte schwingende oder pendelnde Sitzme-chaniken zählen dazu. Genau genommen dürften allerdings nur Mechaniken als 3-D-beweglich bezeichnet werden, die freie Bewegungen in Bezug auf Länge, Breite und Tiefe ermöglichen (Abb. 4.13), also nicht nur vor und zurück (1-D) sowie seitwärts (2-D), sondern auch auf und ab (3-D). Letztendlich entscheidet der Käufer aufgrund seines individuellen Bedarfs und Kom-fortempfindens, welche Funktion für ihn die beste ist.

Abb. 4.13   3Dee.
Sitzen wie die Natur es erfordert

Empirische Daten stützen das intelligente Verhalten des Körpers

Eine Studie der Fresenius Hochschule in Idstein im Auftrag der Bundesarbeitsgemeinschaft für Haltungs- und Bewegungsförderung konnte diese Hypothese mit wissenschaftlichen Ergebnissen untermauern. Die Studie hatte zum Ziel, *„komplexe kinematische Merkmale auf unterschiedlichen Sitzmöbeln"* zu erheben (Haas et al. 2012, S. 4), das heißt, eine Quantifizierung des Sitzverhaltens der Probanden (13 Männer, 10 Frauen) durch eine Bestimmung der Oberkörperposition und entsprechender Bewegungen während des Sitzens durchzuführen.

Dies erfolgte durch den Einsatz von vier Ultraschallsensoren, die trapezförmig am Rücken angebracht wurden. Jeder Sensor liefert dreidimensionale Raum-Zeit-Koordinaten (Abb. 4.14). Das räumliche Auflösevermögen der Sensoren betrug in jeder Dimension 1 mm. Die Einzugsfrequenz lag bei 50 Hz.

Begleitend wurden elektromyografische und kinetische Daten erfasst, um ausgewählte Phänomene der kinematischen Datenanalyse besser einordnen zu können. Kinetische Daten wurden durch Messung der Bodenreaktionskräfte über eine Druckmessplatte (Fa. Zebris) erhoben. Elektromyografische Ableitungen wurden an den wichtigsten oberflächlich liegenden Rückenmuskeln, welche für die Koordination der Sitzhaltung mitverantwortlich sind, vorgenommen.

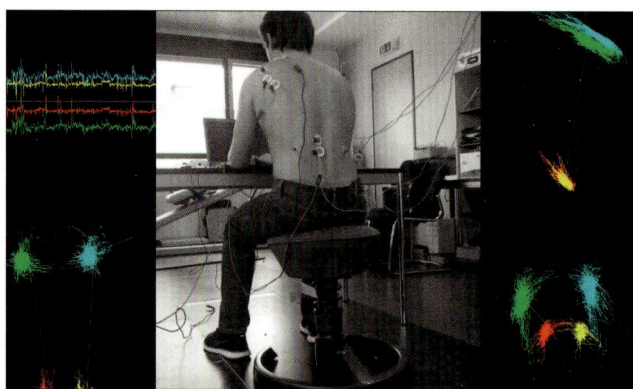

Abb. 4.14   Schematische Darstellung des Untersuchungsaufbaus (Nachbildung)

Das Sitzverhalten jedes Probanden wurde jeweils zweimal an unterschiedlichen Tagen untersucht, wobei jeweils unterschiedliche Sitzmöbel zum Einsatz kamen. Zur Auswahl stand einerseits ein klassischer Bürodrehstuhl mit Synchronmechanik, andererseits ein Stuhl mit einer dreidimensional beweglichen Sitzfläche, der freie Bewegungen in Bezug auf Länge, Breite und Tiefe ermöglichte.

Um Reihenfolgeeffekte zu vermeiden, erfolgte die Wahl der Startbedingung randomisiert. Zur Sicherstellung einer möglichst hohen ökologischen Validität wurde im Labor ein typischer Computer- bzw. Büroarbeitsplatz mit bürotypischen Aufgabenbereichen aufgebaut. Die Untersuchungszeit betrug insgesamt 60 Minuten.

Als wesentliches Ergebnis der Studie ist festzuhalten, dass das Sitzen auf der „3-D-Ergonomie" im Vergleich zu einem konventionellen Bürostuhl kontinuierliche Sitzvariationen in allen Raumdimensionen ermöglicht hat. Die Probanden verfügten über hochsignifikant größere Lösungsmöglichkeiten (Sitzhaltungswechsel), um unbewusst, aber bedarfsgerecht auf anbahnenden lokalen Diskomfort frühzeitig (präventiv) zu reagieren.

Dagegen kristallisierten sich beim Sitzen auf dem klassischen Bürodrehstuhl längere statische Phasen heraus, die dann plötzlich aufgelöst wurden, um eine neue quasi-statische Position einzunehmen (sogenannte „Jumps").

Lebendiges Sitzen auf der „3-D-Ergonomie" heißt, mit dem sensorischen (propriozeptiven) und muskulären System und deren Wechselwirkungen zu „spielen". Um die Körperhaltung im Sitzen – analog zum Stehen – physiologisch zu organisieren, ist das Aufrechterhalten dieser Regelkreisläufe, die viele Male pro Sekunde Steuervorgänge unwillkürlich durchführen, unabdingbar. Ein gut funktionierendes propriozeptives System stellt dabei die Grundlage für diese Regelkreisläufe dar. Die Parallelen zwischen Stehen und lebendigem Sitzen werden hier ganz offensichtlich. Statisch-passives Sitzen dagegen schränkt dieses interaktive Zusammenspiel sensomotorischer Funktionen erheblich ein, mit deutlichen Konsequenzen für das körperliche und geistige Wohlbefinden.

Der lebendige Mensch steht in einer Beziehung zu seinem Stuhl. Das Sitzmöbel und die sich spontan selbst organisierenden Verhaltenserfordernisse des Nutzers stellen ein System dar. Das bedeutet, dass die Sitzmechanik auch die Sitzwinkel autonom unterstützen muss, die für unterschiedliche Aufgaben erforderlich sind. So bedeutet ein konzentriertes Arbeiten am Schreibtisch eine aktive Gewichtsverlagerung nach vorn (Abb. 4.15). Die Mechanik vieler Bürodrehstühle mit einer freigestellten und frei fließenden 3-D-Sitzmechanik ermöglicht, auch abhängig von der Beinstellung, eine flexible Vorwärtsneigung der Sitzfläche, wodurch eine physiologische Arbeitshaltung erreicht wird. Das Becken wird hinten etwas angehoben und leicht nach vorn gedreht. Es entsteht der sogenannte „Sitzkeileffekt". „Unter arbeitsmedizinisch-ergonomischem Aspekt ist gerade das Verhalten eines Sitzes in der vorderen Sitzposition von entscheidender Bedeutung, denn unsere Arbeitshaltung im Berufsalltag ist eben nicht überwiegend die entspannte Relaxposition" (Schön 2007, S. 54).

Eine Sitzverhaltensanalyse konnte dies sehr eindrucksvoll herausarbeiten. Unter verschiedenen realistischen (sitzenden) Arbeitsbedingungen und bei entsprechender frei fließender Sitzneigemechanik nimmt die vordere Sitzhaltung eine dominante Rolle ein. Insbesondere trifft dies für Sitzende im Büro- und Seminarbereich zu, welche durchschnittlich die Hälfte

Abb. 4.15   Körper und Geist eine Einheit in der aktiven vorderen Sitzhaltung

ihrer Tätigkeiten – einige davon bis zu 87 % – in der freien vorderen Sitzposition (ohne Lehnenkontakt) mit einer Neigung der Sitzfläche um bis zu 15 Grad nach vorne verbracht haben.

Das zeigt einmal mehr, wie bedeutend eine solche Sitzmechanik ist, damit ein Individuum seine unbewussten – da natürlichen – Körperverhaltensweisen auch im Sitzen frei entfalten kann; selbst dort, wo man „bisher gemeint hat, dies vernachlässigen zu können" (Schön 2007, S. 49).

Füße und Beine werden unausweichlich in diese komplexen Prozesse mit einbezogen. Beinbewegungen sind besonders gut geeignet, den Kreislauf in Gang zu bringen. Der Rücktransport des Blutes zum Herzen wird hauptsächlich von den tief liegenden Venen erbracht. Sie sind mit Klappen ausgestattet, die das Blut am Rückfluss hindern und die Beförderung gegen die Schwerkraft ermöglichen. Nur im Zusammenspiel einer ständigen Spannung und Entspannung der benachbarten Beinmuskulatur kommt ihre Wirkung (Wadenpumpe) vollständig zur Geltung. Alle Organe, insbesondere auch das Gehirn, werden als Folge besser durchblutet und mit Sauerstoff versorgt. Dies hat eine Studie zur Untersuchung der Oberkörpertemperatur anhand thermografischer Aufnahmen bestätigt (Abb. 4.16; Ludwig u. Breithecker 2008). Auf der Grundlage der Wirkungskette „Bewegung (Zunahme der Muskelaktivität), Zunahme der Muskeldurchblutung, Vertiefung der Atmung, Zunahme der Sauerstoffkonzentration im Blut" kommt es zu besseren Aufmerksamkeits- und Konzentrationsleistungen (Dordel u. Breithecker 2003).

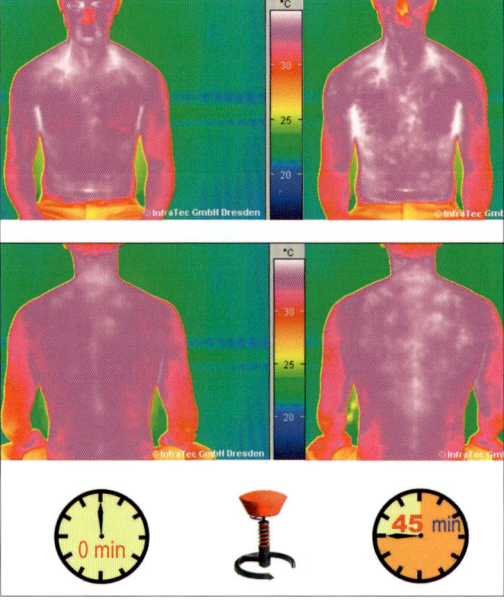

Abb. 4.16   Zunahme der Hauttemperatur und damit der Durchblutung von Brust und Rücken (rechts) nach 45 Minuten beim Sitzen auf dem „swopper"

4.3.   Sitzen oder Stehen – der Wechsel macht's!

Der bekannteste Haltungswechsel, neben den vielen Möglichkeiten des lebendigen Sitzens, ist das Aufstehen. Der Wechsel zwischen Sitzen und Stehen, am besten verbunden mit Bewegung (Laufen, Gehen), stellt heute anerkannterweise eine Grundvoraussetzung für nachhaltige gesunde und produktive Arbeit dar. Temporäres Arbeiten im Stehen ist gut für die Funktionsfähigkeit der inneren Organe im Bauchraum sowie des Herz-Kreislauf-Lungen-Systems. Der natürliche Spiel-, Standbeinwechsel im Stehen aktiviert diese und steigert den venösen Rückfluss aus den unteren Extremitäten. Blutzirkulation, Muskelstoffwechsel sowie die Sauerstoffversorgung des Organismus werden dadurch angeregt. Ein positiver Einfluss auf Arbeitsleistung und Leistungsbereitschaft konnte ebenfalls nachgewiesen werden. Von nicht zu unterschätzender Bedeutung ist die Wertschätzung dem Mitarbeiter gegenüber, wenn man in eine gesundheitsfördernde Arbeitsplatzlösung investiert (Belohnungseffekt).

Nun aber die Problemlage im praktischen Alltag, wo viele Mitarbeiter ihr wohlwollend zugedachtes Stehpult unzureichend anwenden. Eigentlich nicht verwunderlich, da unsere Haltungsphysiologie für längeres Stehen an einem Ort nicht ausgelegt ist und unsere Muskulatur schneller ermüdet als beispielsweise beim Gehen. Ein Anschwellen der Beine, Krampfadern, Krämpfe, erhöhte Thrombosegefahr können weitere Begleiterscheinungen sein. „Damit sind die Folgen des Dauerstehens ähnlich denen des Dauersitzens. Insofern beantwortet sich zum Teil auch die Frage nach Lösungsmöglichkeiten für Stehberufe: Es kann nicht darum gehen, aus einem Dauersitzer einen Dauersteher zu machen – wer möchte schon den Teufel mit dem Beelzebub austreiben? Gesucht sind vielmehr Konzepte, die Arbeit bewegender machen und damit die Beschäftigten aus den Zwangshaltungen befreien – sei es Dauerstehen oder auch Dauersitzen" (BAuA 2005, S. 3; Abb. 4.17).

Die Empfehlungen rund um das Stehen sowie das Angebot entsprechender Produkte sind in der Zwischenzeit so komplex geworden, dass es den Nutzer hinsichtlich der Anwendung eher verunsichert als motiviert. Trotzdem gibt es in der Zwischenzeit bestimmte Basiserkenntnisse und Empfehlungen, die einen physiologischen Nutzen abgestimmt auf Arbeitsaufgabe und -organisation unterstützen. Diese sind vom Verein „Integrative Systemergonomie und Gesundheitsmanagement" (ISG 2007) ausführlich dokumentiert und werden hier auszugsweise verwendet.

Die Effizienz und die Vorteile der Sitz-Steh-Dynamik sind dann am größten, wenn der Steharbeitsplatz direkt im persönlichen Arbeitsbereich und in die Arbeitsorganisation integriert ist. Je näher der Steharbeitsplatz, desto höher ist der Anreiz zum Haltungswechsel und desto

Abb. 4.17   Bewegung im Büro
auf die Spitze getrieben

häufiger sind Wechsel während der Arbeit. Die Nutzung muss durch einfaches Aufstehen möglich sein. Eine individuelle Höheneinstellung der Arbeitsfläche von 68 bis 125 cm, optional bis 135 cm, sollte gegeben sein. Als Faustregel gilt: Die Arbeitsfläche sollte in Ellbogenhöhe positioniert werden können.

Zu unterscheiden sind bei Sitz-Steh-Arbeitsplätzen zwei grundlegende Konzepte:

Dynamisches Sitz-Steh-Zonenkonzept

Wir wissen mittlerweile, dass es wichtig ist, einzelne Arbeitszonen ganz auf Steharbeitsplätze zu verlagern, damit Impulse zum Aufstehen gegeben werden (Abb. 4.18). Einzelne Bereiche der Arbeitsfläche werden also gezielt als feste oder variable Sitz-Steh-Zonen eingerichtet.

Ziel dieses Konzepts ist: Die Arbeitsaufgaben im Stehen sind die Impulsgeber für einen wiederkehrenden Wechsel. Einzelne Aufgaben müssen dafür mit dem Impuls „Aufstehen" verknüpft werden. Denn Aufstehen nach der Uhr wirkt eher störend und hemmt den Arbeitsfluss. Zeit und momentane Aufgaben passen außerdem nicht immer zwangsläufig zusammen. Und allein die Möglichkeit, Stehen zu können, reicht nicht aus. Nur das – wechselnde – Benutzen bringt Nutzen. Aufgaben, die sich besonders gut im Stehen erledigen lassen, sind regelmäßige

Abb. 4.18 Gemeinsame
Dokumentenanalyse im Stehen

Tätigkeiten, die über den Tag verteilt anfallen wie beispielsweise Schreiben und Lesen, Ablage, Hilfsmittel, Besprechungen, Post, Telefonate.

Flächenkonzept

Wird die gesamte Arbeitsfläche zum Stehen in die Höhe gebracht, wird die Sitz-Steh-Dynamik nicht mehr im eigentlichen Sinne umgesetzt. Denn bei solchen Arbeitsplätzen wird eine längere Sitz- von einer längeren Stehphase abgelöst (Wittig 2000). Der Nutzen der Sitz-Steh-Dynamik wird aber durch einen regelmäßigen Haltungswechsel erzielt.

Sitz-Steh-Tische mit Schnellhöhenverstellung per Gasfeder oder motorischen Antrieben haben in der Regel einen anderen Einsatzbereich als integrierte oder freistehende Stehpulte. Sie eignen sich kaum zur Einführung der Sitz-Steh-Dynamik am Büroarbeitsplatz. Denn jeder Wechsel zwischen Sitzen und Stehen muss bei solchen Tischen bewusst entschieden werden. Es existiert keine permanent „erhöhte" Arbeitsfläche, die zum Aufstehen animiert. Zur Bearbeitung von Vorgängen und Akten im Stehen muss der Tisch jeweils aktiv in die Stehposition gebracht werden. Bei der bequemen motorischen Verstelltechnik muss der Nutzer beim Aufstehen auf den Tisch warten und baut sich so eine zusätzliche Nutzungsbarriere auf. Die Erfahrungen in Schweden und in deutschen Großunternehmen belegen die geringe Nutzungshäufigkeit von motorisch verstellbaren Sitz-Steh-Tischen. Dagegen ist ein optimal eingestellter Sitz-Steh-Tisch mit Gasfeder so schnell wie der natürliche Bewegungsablauf des Nutzers beim Aufstehen und Hinsetzen.

Die von Herstellern häufig genannte besondere Eignung von Sitz-Steh-Tischen mit motorischem Antrieb für Bildschirmarbeitsplätze ist bei näherer Betrachtung äußerst problematisch. Zunächst erscheint es als Vorteil, dass die gesamte Arbeitsfläche zusammen mit dem Bildschirm und der Tastatur unabhängig vom Gewicht in Stehhöhe gebracht werden kann, da dann die ergonomische Positionierung des Bildschirms auch beim Stehen gewährleistet ist (vorausgesetzt, dass jedes Mal die gleiche Höheneinstellung erreicht wird). Für die Sitz-Steh-Dynamik erweist sich diese Eigenschaft jedoch als Nachteil. Anstelle des geforderten häufigen Wechsels zwischen Sitzen und Stehen treten in der Regel lange Stehphasen. Das ist aus arbeitsmedizinischer Sicht problematisch. Deshalb sollten zusammen mit dem Sitz-Steh-Tisch wenigstens zusätzlich eine Stehhilfe sowie Fußstützen zur Verfügung stehen.

Bei stehenden Tätigkeiten erweist sich außerdem ein harter Fußboden als nicht so angenehm wie ein weicher. Hier kann eine elastische Bodenmatte Abhilfe schaffen (Abb. 4.19). Ihre weiche Struktur vermittelt nicht nur ein angenehmes, wohltuendes Gefühl, sie stimuliert auch die Füße und damit die Muskulatur der unteren Extremitäten und fördert die Venenaktivität in den Beinen. Dadurch kommt es zu besseren Stoffwechselvorgängen, welche die Ermüdung in den

Abb. 4.19   Stehen auf der elastischen Fuß-matte fördert das dynamische Stehen

Beinen hinauszögert. Dies ist auch einer der Gründe, warum wir beim Spaziergang weniger Ermüden als beim Schaufensterbummel mit häufigen Stehphasen.

Zwischen Sitzen und Stehen

Schon Goethe äußerte: „Bequeme Sitzmöbel heben mein Denken auf." Um diesen Missstand zu beheben, nutzte er einen eigens in Auftrag gegebenen Sitzbock (Stehsitz). Sitzstehhilfen ermöglichen vielseitige Haltungswechsel. Es sind vor allem solche zu empfehlen, die Sitzpositionen an Arbeitsplätzen in verschiedenen Höhen zulassen (vielseitige Wechsel der Gelenkwinkel unter anderem in Hüfte und Knie). Eine haltungsphysiologisch wichtige Komponente stellt die ergonomische Vorneigung der Mittelsäule dar (Abb. 4.20). Außerdem ist natürlich auch bei der Sitzstehhilfe die (Bewegungs-)Mechanik zur Förderung des lebendigen Sitzens von zentraler Bedeutung. Sie gewährleistet – die erwähnte – frei fließende Beckendynamik bei guter progressiver Dämpfung.

Abb. 4.20   „Immer in Bewegung"

4.4.   Schwingen Sie sich zur Höchstleistung

Ein Trampolin im Büro ist zuerst einmal ungewöhnlich. Der körperlich-geistige Nutzen für alle Mitarbeiter allerdings sehr hoch. Spezielle Minitrampoline weisen hochelastische, schwingungsempfindliche Gummibänder auf (Abb. 4.21). Diese ermöglichen sehr weiche, gelenkschonende und harmonische Schwingungsamplituden, die elementare Förderreize für unsere

Abb. 4.21   Gelegentliches Schwingen auf dem Trampolin steigert die körperliche und geistige Vitalität

Tiefensensibilität und somit für unsere Körperwahrnehmung, das Körperbewusstsein sowie unsere Haltungskoordination darstellen. Die Bedeutung solcher Reize ist wissenschaftlich belegt. Sie stellen eine wichtige Basis für die Hirnplastizität (Form- und Anpassungsfähigkeit des Gehirns) dar, verbessern insgesamt das Stoffwechselmilieu und sorgen im Speziellen für ein besseres Anpassungs- und Verarbeitungsniveau im Gehirn (vgl. Kap. 3.5.)

Das selbstbestimmte Schwingen auf dem Minitrampolin ist darüber hinaus sehr gut geeignet, seine „innere Balance" herzustellen. Jedes Lebewesen strebt ständig nach einer solchen „inneren Balance", die sein Wohlbefinden ermöglicht. Wissenschaftler bezeichnen diese Tendenz zum Ausgleich, zur aktiven Herstellung möglichst konstanter Bedingungen mit dem Begriff „Homöostase". Damit sind nicht nur physiologische Anpassungsvorgänge gemeint wie beispielsweise der Anstieg von Blutdruck und Herzfrequenz beim Treppensteigen, sondern auch eine Selbstregulierung der Balance von Körper und Geist. Auch in der Psychologie ist die Homöostase ein wichtiger Begriff, da zahlreiche Theoretiker davon überzeugt waren und sind, dass die Menschen ein psychologisches Gleichgewicht anstreben, einen spannungslosen Zustand wie völlige Ausgeglichenheit. So genießen es z. B. „gestresste" Kleinkinder, wenn sie durch sanftes Wiegen zur Beruhigung kommen. Sanfte, individuell ausgewogene vestibuläre Reize lösen ein Wohlgefühl aus. Eine besondere Rolle spielt hierbei das limbische System, das unter anderem als „Nahtstelle" zwischen dem psychischen Erleben und vegetativen Regelprozessen fungiert.

So können auch viele Menschen mit einem chronischen Schmerz durch das sanfte Schwingen auf einem Trampolin ihr individuelles „Fließgleichgewicht"[4] beeinflussen.

Stehen Sie also immer wieder einmal auf und schwingen Sie! Oder noch besser: Nutzen Sie so ein Trampolin spontan und „unvorsätzlich" auf dem Weg zum Drucker als ein schwingendes „Hindernis" oder hin und wieder während des Telefonierens mit dem mobilen Telefon.

4.5. Hängen und Aushängen

Wer kennt sie nicht, die Warnsignale im Schulter- und Nackenbereich sowie entlang der Wirbelsäule nach langen Sitzphasen. Eine Querstange, im Türrahmen angebracht, kann hier Linderung bewirken. Handfassung über Kopf an der Stange, dann den Körper passiv hängen lassen und eventuell etwas pendeln (Abb. 4.22). Die Zugkraft des eigenen Körpergewichts bewirkt einen dosierten Längszug und sorgt dafür, dass

- die unter Dauerdruck stehenden Bandscheiben wirksam entlastet werden,
- die Wirbelsäule angenehm gestreckt wird,
- Muskeln, Sehnen, Bänder und Gelenkkapseln sanft gedehnt werden.

Abb. 4.22   Sich einfach einmal hängen lassen

---

4 .   „Fließgleichgewicht" ist in diesem Kontext als ein offener psychophysischer Zustand zu verstehen, der durch das individuell dosierte Schwingen auf dem Tuch aus der Balance gebracht wird. Dies wiederum führt zu reaktiven biologischen Anpassungen, die eine Verbesserung des psychophysischen Zustandes bewirken. Es handelt sich hier um das Prinzip der Homöostase.

5. Verändern Sie Schritt für Schritt Ihren Lebensstil

Für viele Büroarbeiter ist der Weg vom Frühstückstisch zu dem in der Garage geparkten Auto oder zur S-Bahn der bewegungsreichste Teil des Tages. Den Rest des Tages sind sie wie mit dem Bürostuhl verwachsen. Dies führt dazu, dass die Alltagsaktivität – ein relevanter Faktor für die Gesundheit des Stoffwechsels – bei vielen unter dem erforderlichen Limit bleibt. Die Verbreitung dieses Phänomens dokumentieren die Zahlen des Robert Koch-Instituts (RKI). Über alle Altersklassen betrachtet, erreichen im Gesundheitssurvey 2003 nur etwa 60 % das Mindestmaß von zwei Stunden (heute liegt die Empfehlung bei 2,5 Stunden) körperlicher Aktivität pro Woche.

Ein objektiver Orientierungswert für ein Mindestmaß an körperlicher Aktivität im Alltag bieten die täglichen Schrittzahlen. Etwa 10.000 Schritte pro Tag, die mit einem Schrittzähler dokumentiert werden können, gelten als international anerkannte Schwelle für einen aktiven Lebensstil mit nachweislich positiven gesundheitlichen Veränderungen. Die Arbeitsgruppe um Tudor-Locke und Basset (2004) hat unter gesundheitlicher Perspektive Orientierungswerte für einen mehr oder weniger aktiven Alltag entwickelt:

- Als „sitzender Lebensstil" gelten weniger als 5.000 Schritte pro Tag,
- 7.500–10.000 Schritte pro Tag werden als „mäßig aktiv" angesehen.
- 10.000 Schritte pro Tag und mehr werden als „aktiv" und somit als gesundheitlich erforderlich eingeordnet.

Olsen et al. (2008) und Rasmussen et al. (2010) beobachteten eine Gruppe junger gesunder Männer, die ihr relativ hohes Aktivitätsniveau von 10.000 Schritten pro Tag nur für einen Zeitraum von zwei Wochen auf 1.500 Schritte pro Tag reduzierten. Es kam zu signifikanten gesundheitlichen Beeinträchtigungen wie zu einer Störung des Lipidstoffwechsels nach Mahlzeiten und zu einem deutlichen Abfall der Insulinsensitivität. Diese vergleichsweise geringe Phase der Inaktivität verschob das Risikoprofil bereits deutlich und untermauert die Hypothese, dass Inaktivität und Bauchfettmasse eng miteinander korrelieren.

Für unsere Gesundheit sowie ein selbstständiges und sinnerfülltes Leben sind wir also zum großen Teil selbst durch die Gestaltung eines aktiven Lebensstils verantwortlich. Die entscheidenden Säulen für ein gesundes Leben sind nun einmal: Sozialkontakte, ausgewogene Ernährung und vor allem Bewegung. Immer mehr Studien belegen die Bedeutung von moderater Bewegung für unsere körperliche soziale und geistige Entwicklung (vgl. Bays 2009, Haffner 2007). Man benötigt für ein gesundes Altern nicht einmal hohe sportliche Herausforderungen. Aber gerade hinsichtlich der „Dosis" und der Qualität der Bewegung herrscht große Unsicherheit.

In unserer Gesellschaft – auch durch die Medien und die Werbung getragen – ist eine gewisse Tendenz zu erkennen, inaktivitäts- und sitzbedingten Belastungen oder auch Funktionsstörungen mit einem größeren Engagement hinsichtlich der wildwüchsigen Fitnessangebote und deren Versprechen zu begegnen. Von „Fit at Work", über „Fit & Vital im Büro" bis zur „Rückenschule am Arbeitsplatz" – um einige exemplarisch zu nennen – fühlen sich zumindest die angesprochen, die einen Leidensdruck verspüren oder nicht als „Couch-Potato" enden wollen. Mit Sicherheit tragen solche Maßnahmen zur Sensibilisierung, zu mehr „Fitness" und gesundheitlicher Aufklärung bei. Aber tragen solche „aufgesetzten", kompensatorisch und pathogenetisch orientierten Fitnessangebote mit zuweilen exzessiven Belastungen am Wochenende („Weekend-Warrior"), nach dem Prinzip „Viel hilft viel", zu nachhaltiger Gesundheit bei? Berücksichtigen diese Angebote den eigentlichen Kern von gesunden Verhaltenserfordernissen? In diesem Zusammenhang sollten wir eher dem bekannten Lebensmotto folgen, das da lautet: „Der Weg ist das Ziel."

Denn die in den Alltag integrierte körperliche Aktivität stellt die Basis einer in der Balance stehenden körperlichen und geistigen Gesundheit dar. Wir sind von der Evolution darauf getrimmt,

Abb. 5.1   Auf die tägliche Anzahl der Schritte kommt es an

uns regelmäßig zu bewegen, das schließt regelmäßige Haltungsänderungen und viele Schritte ein (Abb. 5.1) – nicht erst dann, wenn zu einer bestimmten Uhrzeit ein bestimmtes Programm oder ein Therapeut oder Animateur zu bestimmten Übungen aufrufen.

Um ein solches bewegtes Verhalten beim heute überwiegend sitzenden Menschen zu generieren, bedarf es seiner Mitarbeit, seiner *Compliance*. Allgemein versteht man unter Compliance (im sozialmedizinischen Sinn) den Grad, in dem das Verhalten einer Person – z. B. bei der Einnahme eines Medikaments, dem Befolgen einer Diät oder wie hier der Fall der Veränderung eines Lebensstils – mit dem ärztlichen oder gesundheitlichen Rat korrespondiert. Gute Compliance basiert auf einem gut aufgeklärten Zustand (Bildung) und einem darauf aufbauenden konsequenten Einhalten der selbst organisierten Veränderung des Lebensstils.

Anders gesagt: Der Mensch macht mit, wenn er von den allgemeinen gesundheitlichen Belastungsfaktoren überzeugt ist, an die Wirksamkeit seines Handelns glaubt, von seinen Vorgesetzten in seinem Befolgungsverhalten unterstützt wird, sich seiner Schwächen bezüglich seiner eigenen Organisation bewusst ist und Unterstützung sucht.

Um seine Fitness unter gesundheitlichen Gesichtspunkten zu steigern, muss man keine Marathonleistung vollbringen. Bauen Sie so viel Bewegung in Ihren Alltag ein wie möglich, z. B. durch Gartenarbeit, Hausarbeit oder mit dem Hund spazieren gehen. Damit entfalten Sie regelmäßige muskuläre Aktivität, halten den Stoffwechsel auf Trab und werden erstaunliche Gesundheitseffekte erzielen. Die heute gängigen Empfehlungen zu einem gesunden aktiven Lebensstil fordern zwar 30 Minuten moderate körperliche Aktivität an fünf Tagen pro Woche (Haskell et al. 2007, WHO 2010). Gemeint sind Tätigkeiten wie Laufen oder strammes Gehen, jede Art von Aktivitäten, bei denen man sich warm und ein wenig außer Atem fühlt. Aber was geschieht während der restlichen 15,5 Stunden des Tages – 8 Stunden Schlaf vorausgesetzt? Wird diese Zeit sitzend und inaktiv verbracht, können die empfohlenen 30 Minuten körperliche Aktivität das gesundheitliche Risiko der reduzierten Muskelaktivität kaum ausgleichen (s. Kap. 3.3.). Deswegen stellen die durch das „reizende Büro" für eine gesunde Stoffwechselbalance empfohlenen und in den Alltag integrierten leichten körperlichen Aktivitäten erst einmal die Basis für einen gesunden Lebensstil dar.

Hierauf aufbauend gelten dann die Empfehlungen für fünf Mal 30 Minuten moderate körperliche Aktivität in der Woche. Alternativ dazu können auch intensivere, sportliche Aktivitäten mit einem Richtwert von drei Mal 20 Minuten pro Woche zum Einsatz kommen. Haskell et al. (2009) verglichen Personen, die nur die Anforderungen für die moderate körperliche Aktivität befolgten, mit denen, die nur die Anforderungen für die intensiveren körperlichen Aktivitäten erfüllten. Sie kamen zu dem Ergebnis, dass in beiden Gruppen, im Unterschied zu Inaktiven, das Risiko für Zivilisationserkrankungen vergleichbar gesunken war.

Grundsätzlich ist festzuhalten, dass Alltagsbewegungen und moderate tägliche körperliche Aktivität deutlich den Lipidstoffwechsel verbessern und entscheidend das Risiko von Herzinfarkt, Diabetes, Osteoporose, Krebs oder Depressionen senken. Auch bei der Vermeidung von Übergewicht ist jeder Schritt ein Kalorienkiller. Um gesund und leistungsfähig zu bleiben, reicht es aus, täglich etwa 300 Kalorien durch körperliche Aktivität zu verbrennen. Fangen Sie am besten im Büroalltag damit an!

Auf die Praxis umgesetzt heißt das zusätzlich zu den bereits gegebenen Empfehlungen: mehr Schritte im Büroalltag. Das Gute dabei ist, dass schon durch kleine arbeitsorganisatorische Veränderungen der Büroalltag bewegter gestaltet werden kann:

- Meetings/Konferenzen in Räumen durchführen ohne Stühle, dafür Stehpulte verwenden,
- Besprechungen und Telefonate weitestgehend im Stehen oder dabei Auf- und Abgehen.
- Verzichten Sie auf Aufzüge und Rolltreppen und nehmen Sie stattdessen die Treppe.

Abb. 5.2   Drucker und Kopierer im Extraraum als „Bewegungsverführer"

- Holen Sie Dinge selbst, statt sich diese mitbringen zu lassen.
- Richten Sie es ein, dass Sie zum Kopieren, Ausdrucken, Papier entsorgen Ihren Arbeitsplatz verlassen müssen (Abb. 5.2).
- Überlegen Sie sich einen „bewegten" Weg zur Arbeit (z. B. zu Fuß, mit dem Fahrrad, eine U-Bahn/Bus-Station früher aussteigen, den Parkplatz für das Auto ca. 10 Minuten vom Arbeitsplatz entfernt wählen).
- Praktizieren Sie kurze/längere Spaziergänge in der Pause/zu Hause.
- Wenn Sie über etwas Nachdenken müssen, gehen Sie ein paar Schritte. Das hilft!
- Organisieren Sie Ihre Arbeitsabläufe so, dass Wege entstehen, z. B. Verlagerung des Druckers und des Kopierers in einen anderen Raum, Mitarbeiter persönlich aufsuchen, anstatt eine E-Mail zu versenden.
- Führen Sie Besprechungen während eines Spaziergangs im Freien durch.

Teil III

Ernährung –
Der Mensch ist, was er isst

Autor: Josef Glöckl

6. Ernährung im Arbeitsalltag

Was hat Ernährung mit dem aktiven Büro zu tun? Viel! Wer sich falsch ernährt, kann auch mit noch so viel Bewegung sein Potenzial an Lebensqualität nicht ausschöpfen. Also kann ich Ihnen hier einige vielleicht unangenehme Tatsachen über unser Essen nicht ersparen. Welche Schlüsse Sie aus den Fakten ziehen oder ob Sie die neuen Erkenntnisse überhaupt in die weitere Gestaltung Ihres Lebens mit einbeziehen oder nicht, entscheiden Sie selbst.

Ernährung ist ein sehr sensibles Thema. Jeder von uns hat sein eigenes Rezept dafür gefunden, wie er sich ernährt und seinen Körper damit im Gleichgewicht hält oder auch nicht. Dann kommen noch die persönlichen Erfahrungen jedes Einzelnen mit verschiedenen Nahrungsmitteln hinzu, die verschiedenen Geschmäcker und die persönlichen, weltanschaulichen oder religiösen Überzeugungen darüber, welche Nahrungsmittel gegessen werden sollen und welche nicht.

Über Ernährung so zu schreiben, dass alle Leser damit einverstanden sind, ist wohl nicht möglich. Aber auch in diesem Punkt gilt, genau wie für Bewegung, dass unsere Gene sich über Jahrmillionen über die natürliche Selektion so entwickelt haben, dass wir für die uns zur Verfügung stehenden Nahrungsquellen und das Überleben am besten angepasst sind. Auch in diesem Teil werden wir also wieder einen Blick zurück in die Steinzeit werfen.

Wir müssen uns, um langfristig gesund und leistungsfähig zu bleiben, nicht nur entsprechend unseren Genen bewegen, sondern auch ernähren. Jedes Verhalten gegen die Natur und unsere genetische Disposition rächt sich auf Dauer.

6.1. Essen im Büro

Vor Jahren hatten wir einen Vertriebsleiter, der ein eigenartiges Verhalten zeigte: Regelmäßig, wenn er morgens ins Büro kam, plumpste er in seinen Bürostuhl (er war ziemlich übergewichtig), ließ sich vornüber auf den Schreibtisch fallen und war erst einmal völlig erschöpft. Erstaunt betrachtete ich immer wieder den noch relativ jungen Menschen und fragte mich: Wie kann es sein, dass man schon morgens so fertig ist? Und wie soll es denn dann tagsüber weitergehen? Kann dieser Mitarbeiter in seinem körperlichen Erschöpfungszustand die nötigen Leistungen bringen? Was hat der Mensch für eine Lebensqualität?

Jetzt trank er die erste Tasse starken Kaffee. Das half. Nach kurzer Zeit fühlte er sich aber trotzdem wieder unerklärlich schlaff und erschöpft. Obwohl er gestern Abend gar nicht so spät zu Bett gegangen und auch nur ein Glas Wein getrunken hatte. Aber er hatte zum Frühstück zwei Brötchen mit Marmelade, Honig oder Nutella verspeist. Nun war es an der Zeit für ihn, eine Zwischenmahlzeit einzunehmen – er brauchte Energie! Natürlich musste es schnell gehen, es lag noch viel Arbeit an, so griff er zum süßen Snack. Doch schon wenig später, trotz einer weiteren Tasse Kaffee, war er wieder ohne Energie.

Es dauerte einige Zeit, bis ich begriffen hatte, was physiologisch in diesem Menschen vorging. Er war voll motiviert und ehrlich bestrebt, sein Bestes zu geben. Es ging aber nicht. Nicht die Arbeit hatte ihn fertig gemacht, sondern seine falsche Ernährung!

Unterzuckerung und Erschöpfung als Folge des Konsums schneller Kohlenhydrate

Unterzuckerung ist ein für den Menschen kritischer Zustand, denn sein Gehirn ist auf Glukose angewiesen, um zu arbeiten. Deshalb kann sie zu einer verminderten Leistung des Gehirns, zu zittrigen Händen, Krampfanfällen, Schweißausbrüchen und vermehrter Adrenalinausschüttung führen, im Extremfall sogar zu einem Schockzustand.

Sie entsteht durch das schnelle Absinken des Blutzuckerspiegels, im Büro und zu Hause meist durch eine Überdosis an Insulin als Folge des Konsums von „schnellen Kohlenhydraten"[1], wie

---

1   Das sind industriell hergestellte Kohlenhydrate wie raffinierter Zucker (Saccharose), Weißmehl, Maissirup, Fruktose-/ Glukosesirup und andere hochverarbeitete Zuckerkonzentrate, die schnell ins Blut übergehen.

im Weiteren ausgeführt, oder beim Ausdauersport durch den reichlichen Verbrauch von Glukose in der Muskulatur. Sportler bekommen den gefürchteten „Hungerast", besonders bekannt beim Radfahren, Marathon oder Langlauf. Das in der Leber und der Muskulatur gespeicherte Glykogen ist aufgebraucht, und ohne Nahrungsmittelzufuhr kann Energie nur durch Verbrennung des in den Fettzellen gespeicherten Fettes zur Verfügung gestellt werden. Dies benötigt eine gewisse Zeitspanne und bedeutet für den Körper eine wesentlich höhere Belastung mit einem gesteigerten Sauerstoffbedarf.

Bei Erschöpfungszuständen im Büro gilt es, schnell Abhilfe zu schaffen, man möchte ja Leistung erbringen. Ein Energieriegel muss her, mit viel Zucker. Sie haben es ja heute früh in der Werbung gehört: „Dieses Produkt bringt verbrauchte Energien zurück!" Allerdings mit dem Unterschied, dass Sie Ihre Energie nicht wie der Sportler durch körperliche Belastung verbraucht haben.

Funktioniert der Zuckerstoffwechsel normal, schüttet die Bauchspeicheldrüse das Hormon Insulin aus. Das führt dazu, dass diejenigen Zellen und Organe, die Energie benötigen, wie Muskeln und Leber, Glukose aus dem Blut aufnehmen können. Das Insulin dockt an den Insulinrezeptoren der Zellwände an und macht sie für Glukose durchlässig. So wird die Glukose in die Zellen eingeschleust. Der Blutzuckerspiegel sinkt wieder ab, und der Zuckerstoffwechsel ist im Gleichgewicht.

Haben Sie sich jedoch nicht bewegt, weil Sie im Büro an Ihrem Schreibtisch gesessen haben, wurde die Glukose in Ihren Zellen auch nicht verbraucht. Die Glukosespeicher sind prall gefüllt. Kommt jetzt der nächste Zuckerschock durch einen süßen Energieriegel, produziert die Bauspeicheldrüse erneut Insulin. Sie arbeitet auf Hochtouren, um dieser Überzuckerung entgegenzuwirken. Die Insulinrezeptoren an den Zellwänden lassen das Insulin aber vorübergehend nicht mehr andocken, weil die Zellen keine Glukose mehr aufnehmen können.

Das Insulin und die Glukose strömen weiter im Blut, das inzwischen einen gefährlich hohen Blutzuckerspiegel erreicht hat. Nun wandelt die Leber Glukose um in Fett, das sich in den Arterien (Abb. 6.1) und an den Hüften anlagert (Hüftgold). Das Hormon Insulin unterstützt diesen Prozess. So findet der Energieriegel seinen Weg auf die Hüfte.

Das verminderte Ansprechen der Zellen auf Insulin wird als Insulinresistenz[2] bezeichnet. Der Blutzuckerspiegel steigt dauerhaft an. Mit schwerwiegenden gesundheitlichen Folgen: Aus der Insulinresistenz kann sich ein manifester Diabetes mellitus Typ 2 entwickeln, der eng mit Übergewicht und Bewegungsmangel assoziiert ist. Als Ursache wird neben erblichen Faktoren

---

2   Hierbei sprechen die Körperzellen vor allem der Muskulatur, Leber und des Fettgewebes weniger stark auf das Hormon Insulin an.

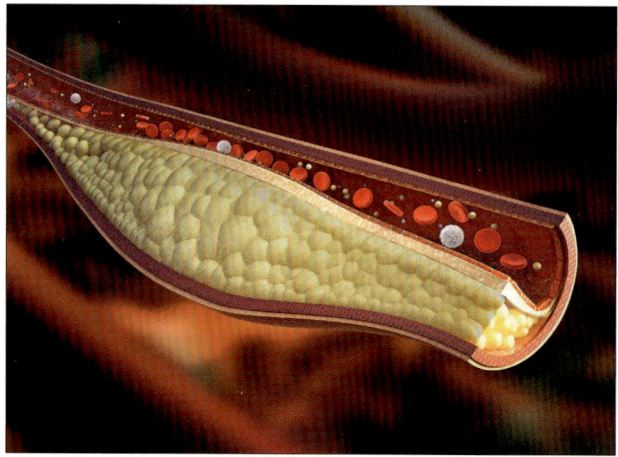

Abb. 6.1   Fett in einer verstopften Ader. Blut kann nicht mehr zirkulieren, es kommt zum Infarkt

auch eine veränderte Freisetzung von Botenstoffen aus dem Fettgewebe diskutiert (Kellerer 2001). Bei Übergewichtigen, deren Fettzellen sowohl eine veränderte Größe wie auch Funktion aufweisen, kann die Insulinwirkung weiter abgeschwächt werden. Da Insulin außerdem den Fettaufbau fördert, verstärkt sich das Gewichtsproblem.

Fällt jedoch nach dem ersten morgendlichen Konsum schneller Kohlenhydrate der Blutzuckerspiegel, durch die massive Ausschüttung von Insulin, dramatisch ab, fühlen wir uns erschöpft und müde – und greifen wieder zu schnell verfügbaren Kohlenhydraten! Das im Büro übliche „Insulin-Jo-Jo" beginnt.

In Abb. 6.2 sind die Schwankungen des Blutzuckers (rot) und des den Blutzucker kontrollierenden Hormons Insulin (blau) beim gesunden Menschen über den Tagesverlauf mit drei Mahlzeiten aufgezeigt.

Deutlich zu erkennen ist der Einfluss einer zuckerhaltigen (saccharosehaltigen) Mahlzeit (gepunktete Linie) gegenüber einer stärkehaltigen Mahlzeit (durchgezogene Linie): Bei der Zufuhr von Zucker steigt der Blutzuckerspiegel sehr rasch und ausgeprägter an als bei dem Verzehr von Stärke und fällt schneller wieder ab. Stärke gehört zu den komplexen Kohlenhydraten, die erst in Glukose „zerlegt" werden müssen, bevor sie der Körper verwerten kann und der Blutzuckerspiegel ansteigt. Daher gehen Glukose und Fruktose schneller ins Blut über und sind dort messbar.

Dieser „Jo-Jo-Effekt", also der rasche Anstieg und Fall des Insulinspiegels, wird noch verstärkt durch den Zwischendurchgenuss schneller Kohlenhydrate: ein Powerriegel, ein Stück Schokolade, Kekse, eine Cola – die üblichen Begleiter eines Büroarbeiters.

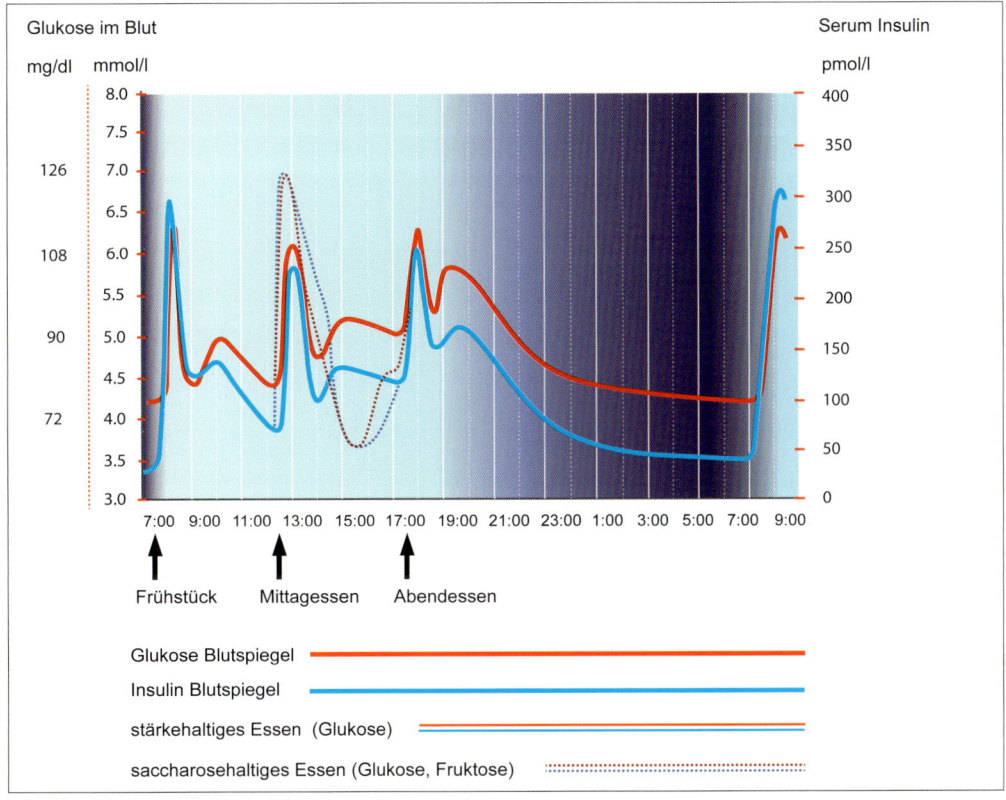

Abb. 6.2 Schwankungen des Blutzuckers (rot) und des den Blutzucker kontrollierenden Hormons Insulin (blau) beim gesunden Menschen über den Tagesverlauf mit drei Mahlzeiten

Nach dem Mittagessen mit massiven Kohlenhydraten folgt dann das gefürchtete Verdauungskoma, mit dem sich Besprechungen endlos hinziehen und ohne Ergebnis enden. Dies ist der normale Büroalltag von Millionen Menschen:

- eine Überdosis an schnellen Kohlenhydraten und
- keine Bewegung, um diese abzubauen.

Gefördert wird dieses Essverhalten noch durch den Druck der Nahrungsmittelindustrie, die mit ihrer Werbung dem Konsumenten genau suggeriert, was zum Frühstück gegessen werden muss (Brötchen, Vollkornbrot, süßer Brotaufstrich, Honig und Marmelade) und dass er zwischendurch auch noch schnelle Kohlenhydrate benötigt. Dadurch werden gleichbleibende Leistungsfähigkeit und Lebensfreude im Büro drastisch reduziert.

6.2. Essen nach der Uhr

Der modern getrimmte Büromensch isst nicht dann, wenn er Hunger hat oder wenn ein Tier erlegt wurde, wie dies unsere Vorfahren getan hätten, sondern nach der Uhr. Dies führt automatisch dazu, dass zu viel gegessen wird.

Hungergefühl stellt sich dann ein, wenn der Blutzuckerspiegel unter ein bestimmtes Niveau sinkt. Wenn Sie zum Frühstück schon Brötchen mit Marmelade gegessen haben oder andere schnelle Kohlenhydrate, wird es nicht lange dauern, bis der Blutzuckerspiegel wieder unter sein Normalniveau gesunken ist, wie zuvor veranschaulicht.

Verzichtet ein Mensch hingegen auf die Zufuhr schneller Kohlenhydrate, finden diese drastischen Schwankungen nicht statt, da seine Leber ihren Glykogenspeicher anzapft und regelmäßig aus den Fettdepots, durch den Prozess der Glukoneogenese[3], Glukose produziert. Dies findet aber nur dann statt, wenn kein Glukoseüberschuss vorhanden ist. Damit hält die Leber den Blutzuckerspiegel auf seinem natürlichen Niveau stabil, und der Mensch besitzt eine ungeheure Ausdauer. Er wird keine Heißhungerattacken erleiden und auch keinen plötzlichen Leistungsabfall verspüren und auch nicht dann essen wollen, wenn es zwölf Uhr läutet. Dank der Glukoneogenese besitzt der Mensch heute noch dieselbe Ausdauer wie seine Vorfahren in der Steinzeit, die ihre Beutetiere so lange verfolgten, bis diese erschöpft zusammenbrachen. Diese Art der Jagd, die Ausdauerjagd, wurde noch bis vor Kurzem von einigen indigenen Völkern in Afrika und Südostasien betrieben. Viele unglaublich scheinende Rekorde wie etwa das Laufen einer Strecke von 1.500 Kilometern in zwölf Tagen, den eine Sportlerin aus Würzburg aufgestellt hat, oder die Expedition zum Südpol – zu Fuß und ohne Hilfsmittel – durch Reinhold Messner, wären sonst gar nicht möglich.

Betrachtet man aber seine Mitmenschen im Büroalltag, so stellt man fest, dass die festgelegten Essenszeiten oft schon ungeduldig herbeigesehnt werden. Das sind oft diejenigen, die sich vor allem von schnellen Kohlenhydraten ernähren und deren Blutzuckerspiegel somit rascher fällt. Häufig wird die Essenspause aber auch herbeigesehnt, um eine von der Allgemeinheit akzeptierte Unterbrechung der Arbeit zu rechtfertigen.

Arbeitsunterbrechungen sind oft gut und sinnvoll – man kann sich neu orientieren, Abstand gewinnen, überlegen, ob der eingeschlagene Weg bei der Problemlösung der richtige ist, Informationen mit Kollegen austauschen etc. Ob aber dabei immer gegessen oder geraucht werden

---

3   In Hungersituationen ohne Kohlenhydratzufuhr wird unter Mitwirkung von Enzymen der Prozess der Glukoneogenese von der Leber in Gang gesetzt. Dabei wird aus Aminosäuren, Laktat und Glyzerin Glukose gebildet. Es kommt also zum Abbau von Körperfett.

muss, um sich zu beschäftigen oder um eine Ausrede dafür zu haben, dass man nicht an seinem Arbeitsplatz sitzt, wage ich zu bezweifeln. Ein selbstbewusster Mitarbeiter hat dies nicht nötig. Er kann auch so entscheiden, wann er an seinem Arbeitsplatz anwesend ist und wann nicht.

6.3. Metabolisches Syndrom

Eine in der Büroumgebung weit verbreitete Kombination fataler Symptome ist das sogenannte Metabolische Syndrom[4] (Abb. 6.3). Es setzt sich zusammen aus

- einem Übermaß an viszeralem (Bauch-)Fett,
- Bluthochdruck,
- veränderten Blutfettwerten und
- Insulinresistenz.

Diese vier Symptome werden in ihrem Zusammenwirken heute als entscheidendes Risiko für *koronare Herzkrankheiten* angesehen. Die Erkrankung entwickelt sich aus einem Lebensstil, der

Abb. 6.3   Das Metabolische Syndrom

---

4   Manchmal auch als tödliches Quartett, Raven-Syndrom oder Syndrom X bezeichnet.

durch permanente Überernährung und Bewegungsmangel[5] gekennzeichnet ist und betrifft einen hohen Anteil der in Industriestaaten lebenden Bevölkerung (Pruinboom 2010).

Die einzig gute Nachricht dabei ist, dass die teuflische Verkettung, die mit einer Insulinresistenz beginnt (s. S. 163), reversibel ist. Sie kann durch eine Ernährungsumstellung und den Verzicht auf Kohlenhydrate (vor allem auf schnelle Kohlenhydrate) sowie regelmäßiger Bewegung (um die Glukosespeicher der Zellen zu leeren) im Allgemeinen innerhalb von relativ kurzer Zeit wieder rückgängig gemacht werden. Professor Leo Pruinboom von der Universität in Graz und Girona spricht von etwa acht bis neun Monaten (Pruinboom 2010), wie die Ausführungen in dem folgenden Kapitel zeigen.

---

5   Ein besonderes Ungleichgewicht hat sich in den Jahren nach dem Zweiten Weltkrieg im Verhältnis zwischen körperlicher Beanspruchung (z. B. gemessen als Metabolisches Äquivalent oder MET, „metabolic equivalent of task") und dem Nahrungskonsum ergeben: So hat sich die körperliche Beanspruchung beim Büroarbeiter um zwei Drittel reduziert, während sich der Konsum konzentrierter Nahrungsmittel fast verdoppelt hat.

7. Wir sind, was wir essen

7.1. Zurück in die Steinzeit

Um die heutige Ernährungsweise und ihre Auswirkungen auf unsere Gesundheit verstehen zu können, folgt ein Blick zurück in die Evolution des Menschen.

Evolution des Menschen – Zur Ernährungsweise und ihrem Einfluss

Unsere frühen Vorfahren, die *Australopithecinen*, die vor etwa fünf Millionen Jahren das erste Mal in Erscheinung traten und deren letzter Vertreter, der *Australopithecus robustus*, vor etwa einer Million Jahren ausstarb, waren Herbivoren. Sie ernährten sich vorwiegend von Pflanzen, wie aus der mikroskopischen Untersuchung ihrer Gebisse festgestellt werden konnte. Vermutlich bereicherten sie ihren Speisplan mit Larven, Würmern und Insekten und mit Aas. Um zu jagen, waren sie nicht ausreichend schnell und geschickt, außerdem fehlten ihnen noch die dazu notwendigen kognitiven Fähigkeiten wie das Vorausdenken. Die Entwicklung ihrer Gehirne, vor allem der frontalen Gehirnlappen, in denen Vorausdenken und Planen stattfindet, hatte gerade erst eingesetzt. Karies und Parodontitis waren nicht bekannt, wie die gut erhaltenen Funde von Kiefern und Zähnen belegen (Abb. 7.1).

Als dann, vermutlich aufgrund einer Eiszeit, das Angebot an Nahrungsmitteln zurückging und die Bäume, der natürliche Lebensraum unserer Vorfahren, einer Savanne wichen, war es nötig, sich neue Nahrungsquellen zu erschließen. Unsere Vorfahren wurden zu Aasfressern. Vor etwa zwei Millionen Jahren fand man Schnittspuren an Knochen, die offenbar von Steinwerkzeugen herrührten, mit denen der *Homo habilis* größere Wirbeltiere zerlegt

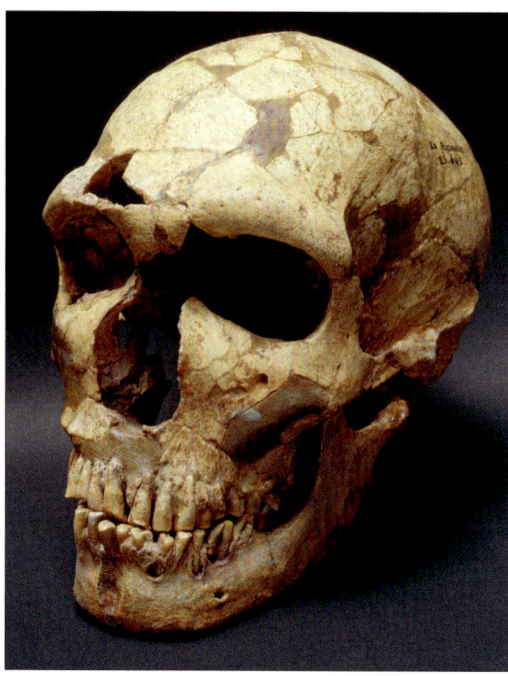

Abb. 7.1   Gut erhaltene Ober- und Unterkiefer

hatte. Außer Wild standen offenbar auch zahlreiche im Wasser lebende Tiere wie Krebse, Fische, Krokodile, ja sogar Schildkröten auf dem Speiseplan.

Von dem *Homo erectus* vermutet man, dass durch das enorme Gehirnwachstum sein Bedarf an tierischen Proteinen stark erhöht war und ihn gleichzeitig die zunehmenden kognitiven Fähigkeiten in die Lage versetzten, effizienter zu jagen. Der bewusste Gebrauch des Feuers für die Nahrungszubereitung trug noch dazu bei, das oft zähe Fleisch der erbeuteten Tiere bekömmlicher zu machen. Sein Auftreten fällt in den Zeitraum von vor etwa 2,1 Millionen Jahren bis vor 40.000 Jahren.

Die ersten Funde von Jagdwaffen aus der Zeit vor etwa 450.000 Jahren werden dem *Homo heidelbergensis* zugeschrieben. Als er vor etwa 800.000 Jahren auftrat, war er schon mit einem merklich größeren Gehirn ausgestattet, was auch mit dem deutlich höheren Anteil an tierischen Proteinen auf seinem Speiseplan in Verbindung gebracht wird. Auf jeden Fall stellten Knollen, Wurzeln, Früchte, Nüsse, Würmer und Insekten nach wie vor einen großen Beitrag zur Ernährung.

Der *Homo sapiens sapiens*, der „moderne" Mensch, entwickelte sich in Afrika vor etwa 150.000 bis 200.000 Jahren und hat dann von dort aus die Welt erobert. Vor etwa 40.000

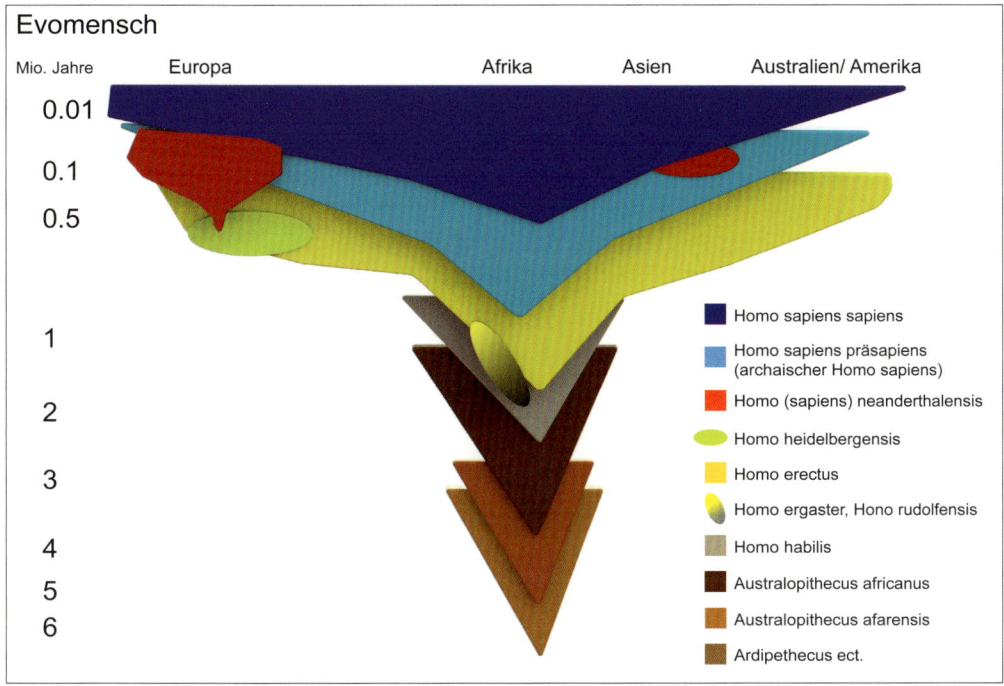

Abb. 7.2   Die Evolution des Menschen und seine Verbreitung in den einzelnen Regionen der Erde

bis 50.000 Jahren kam er in Mitteleuropa an. Er hat einen wesentlich geringeren Kalorienbedarf als seine Vorfahren und ist, betrachtet man die Länge seines Darms, ein Omnivore, ein Allesfresser.

Dies erleichterte es ihm beträchtlich, alle Lebensräume auf der Erde zu besetzen, solche mit einem ausschließlichen Angebot von tierischen Proteinen wie in Sibirien, im nördlichen Teil von Kanada und auf Grönland und solche mit vorwiegend oder sogar ausschließlichem vegetarischem Nahrungsangebot wie zum Teil in Südostasien oder in den Anden.

In der Abb. 7.2 ist der zeitliche Ablauf der Entwicklung des Menschen ab den *Ardipithecinen* dargestellt und seine Verbreitung in den einzelnen Regionen der Erde.

Die Evolution unserer Vorfahren von reinen Herbivoren zu Karnivoren und schließlich zu Omnivoren war entscheidend für die weitere Entwicklung des Menschen, vor allem für die Entwicklung seines Gehirns. Detlev Ganten schreibt in seinem Buch *Die Steinzeit steckt uns in den Knochen* (Ganten et al. 2009, S. 150 f.):

- „Ohne Fleisch kein Mensch" … „Der wichtigste Eiweißlieferant ist und bleibt Fleisch."
- „Ohne Fleisch wären wir wahrscheinlich nie Menschen geworden. Wissenschaftler gehen davon aus, dass das Gehirnwachstum in engem Zusammenhang sowohl mit der Beschaffung als auch mit dem Verzehr von Fleisch zu sehen ist."
- „Wären wir Vegetarier geblieben, hätten wir unser Gehirnvolumen wohl niemals verdreifachen können."

So haben die Nutzung des Feuers, die Entwicklung von Werkzeugen, die Perfektionierung der Jagd und die Möglichkeit zu Kochen die Evolution des Menschen richtungsweisend geprägt. All diese Entwicklungen gingen Hand in Hand mit der Vergrößerung des Gehirns und der großartigen Zunahme kognitiver Leistungen. Gleichzeitig verringerte sich die Länge und das Gewicht der Verdauungsorgane.

Die Länge des Darms lässt Rückschlüsse auf die Art der Ernährung zu. So haben z. B. Karnivoren (Fleischfresser) wie die Katze eine Darmlänge, die dem dreifachen ihrer Körperlänge entspricht. Bei Herbivoren (Pflanzenfresser) wie etwa Schafen ist der Darm 24 Mal so lang wie der Körper. Omnivoren (Allesfresser) kommen auf eine Darmlänge, die etwa das siebenfache ihrer Körperlänge beträgt. So gehört der Mensch mit seiner Darmlänge von sieben bis acht Metern zwar zu den Omnivoren, hat aber eine Tendenz zu Karnivoren.

7.2. Die Aufnahme von Getreide in den Speiseplan forderte ihren Tribut

Unsere Vorfahren lebten in Mitteleuropa noch bis in die Mittel- und Jungsteinzeit als Jäger und Sammler und ihre Ernährung änderte sich kaum. Erst der Wandel zur Landwirtschaft und Viehzucht durch die *neolithische Revolution*[1], die nach und nach ab dem 5. Jahrtausend v. Chr. auch in unseren Breiten Einzug hielt, hatte auf die Ernährung unserer Vorfahren dramatische Auswirkungen.

Getreide konnte gut gelagert werden und war deshalb für eine Vorratshaltung bestens geeignet. Tiere konnte der Mensch jetzt schlachten, wenn er Nahrung brauchte; er war nicht mehr auf Jagdglück angewiesen. Damit war ein bisher nie gekanntes Maß an Versorgungssicherheit

---

[1]　　Der Wandel zur sesshaften Lebensweise mit Ackerbau und Viehzucht kam nicht plötzlich, wie man noch Mitte des 20. Jahrhunderts annahm, sondern fand im Laufe mehrerer Jahrtausende unterschiedlich schnell in den verschiedenen Regionen der Erde statt.

gegeben und der ständige Kampf gegen den Hunger, der bisher die gesamte Evolution des Menschen begleitet und ein Ansteigen der Bevölkerungszahlen verhindert hatte, war in eine neue Ära getreten.

Der Mensch war durch die natürliche Selektion auf Fleisch und Fisch als Nahrungsquellen programmiert, auf Insekten (Larven, Käfer und Würmer) sowie Pflanzen (Früchte, Beeren, Nüsse, Blätter, Wurzeln, Knollen). Getreide gehörte nicht dazu. Deshalb verwundert es auch nicht, dass den Menschen die Nahrungsumstellung gar nicht bekam, wie die Auswertung von Funden beweist:

- Die Körpergröße war stark rückläufig.
- Die Lebenserwartung nahm deutlich ab gegenüber der Altsteinzeit.
- Viele Menschen litten zwar keinen Hunger mehr, aber sie wurden krank (die ersten Formen von Zivilisationskrankheiten).

Das hängt unter anderem damit zusammen, dass sich Getreidepflanzen – wie viele andere Pflanzen auch – gegen Bakterien und Schädlinge schützen. Sie produzieren Saponine, die wie ein Antibiotikum wirken, Pilze und Bakterien abtöten und die Pflanze gegen Insektenbefall schützen. Für die Pflanze ist das gut, aber nicht für den Menschen, der die Saponine mit den Getreideprodukten konsumiert.

Die Darmschleimhaut des erwachsenen Menschen besteht aus etwa 80 Milliarden Bakterien (etwa ein Kilogramm), die unter anderem auch darüber entscheiden, was durch die Darmwand in den Blutkreislauf passieren darf und was nicht (Abb. 7.3). Saponine, die Bakterien abtöten, schädigen nun auch die Bakterien der Darmschleimhaut. Bei einem entzündeten Darm kann es zu einem *Leaky-Gut-Syndrom*[2] kommen, bei dem die Darmwand durchlässig wird (Abb. 7.4). Die Folge: Krankheitskeime, Darmgifte und Nahrungspartikel dringen in den Blutkreislauf ein, gegen die unser Immunsystem ankämpfen muss. Dies raubt Energie, die dann für andere Organe, z. B. für das Gehirn und die Muskulatur, nicht mehr zur Verfügung steht. Wir fühlen uns ständig müde und erschöpft.

So gehört Getreide erst seit höchstens 7.000 Jahren zu den Nahrungsmitteln in Mitteleuropa. In den Dimensionen der Evolution gesehen, ein sehr kurzer Zeitraum, in dem eine Anpassung unserer Gene nicht erfolgen konnte. Trotzdem hat sich Getreide als Hauptnahrungsmittel durchgesetzt, mit den entsprechenden negativen Folgen für die Bevölkerung:

---

2   Die Proteinbarrieren, sogenannte „Tight junctions", zwischen den Zellen der Darmschleimhaut können durch Lektine oder das Weizenprotein Gliadin geöffnet werden, was zu einem Leaky-Gut-Syndrom führen kann.

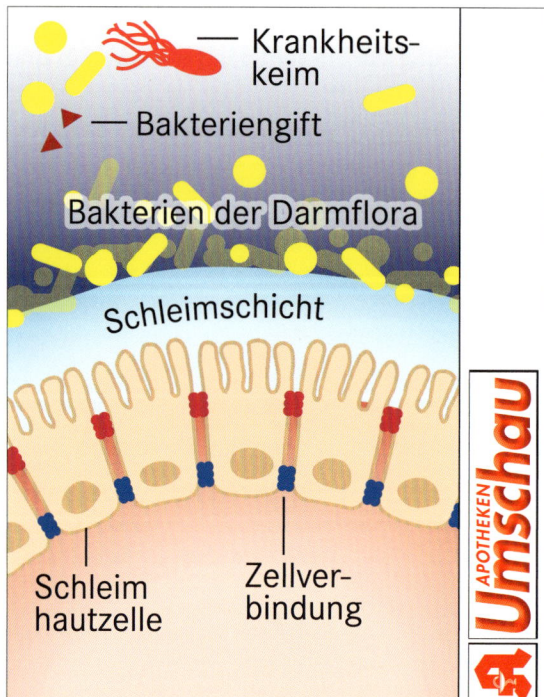

Abb. 7.3   Gesunde Darmschleimhaut

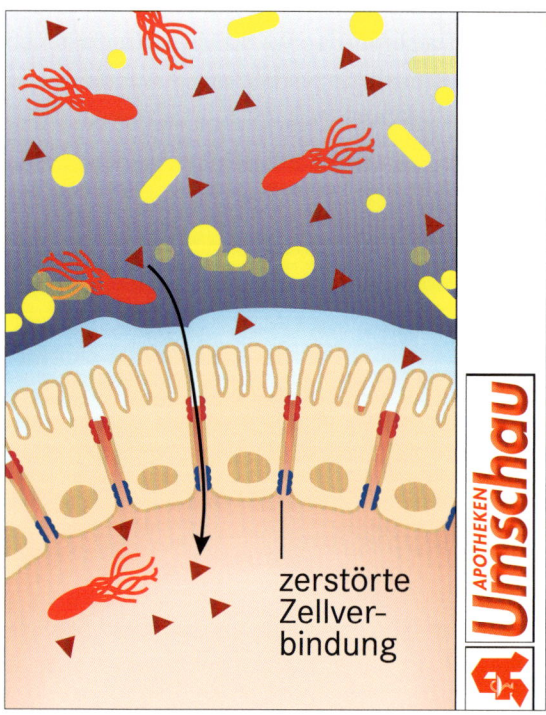

Abb. 7.4   Geschädigte Darmschleimhaut mit Leaky-Gut-Syndrome

Loren Cordain kommt in seiner Doktorarbeit über „Dietary Mechanisms of Autoimmunity" an der Colorado State University in den USA zu dem Schluss, dass mindestens 33 % aller gängigen Autoimmunkrankheiten verbunden sind mit einem Leaky-Gut-Syndrom – die meisten Autoimmunkrankheiten wurden jedoch noch nicht daraufhin getestet.

Bis heute leidet ein großer Teil der Bevölkerung darunter, dass er Getreide nicht gut verträgt, ohne dass es den Betroffenen bewusst ist. Die Symptome treten oft nicht prägnant in Erscheinung und sind allgemein üblich: aufgeblähte Bäuche, Flatulenz, Verdauungsstörungen, Durchfall, Verstopfung, niedriggradige Entzündungen („low grade inflammation"), Antriebslosigkeit, Erschöpfungszustände, Anfälligkeit für Infekte etc. gehören ja zum Durchschnittsdeutschen, also meint man, das müsse so sein.

Betrachten Sie die Abb. 7.5 aus dem Buch des berühmten Kurarztes Franz Xaver Mayr. Wo finden Sie sich wieder?

Oft wird Krankheit zum Normalzustand erklärt, weil ja der überwiegende Teil der Bevölkerung die gleichen Probleme hat. Dies darf aber nicht darüber hinwegtäuschen, dass nur eine der abgebildeten sieben Personen vermutlich wirklich gesund ist. Alle anderen haben mehr oder weniger schwere Probleme, meist mit dem Darm.

70 bis 80 % unseres Immunsystems sind im Darm lokalisiert. Er besitzt auf seiner Innenseite viele feine Darmzotten, wodurch sich seine Oberfläche auf 400 bis 500 Quadratmeter vergrößert (Abb. 7.6). Damit ist er das größte Kontaktorgan des Menschen zu seiner Umwelt. Auf und zwischen den Darmzotten befinden sich die Bakterien der Darmschleimhaut, der Mukosa. Manche Schätzungen gehen davon aus, dass bei 80 % der Bevölkerung in Deutschland die Darmflora und damit die Darmschleimhaut krankhaft verändert ist.

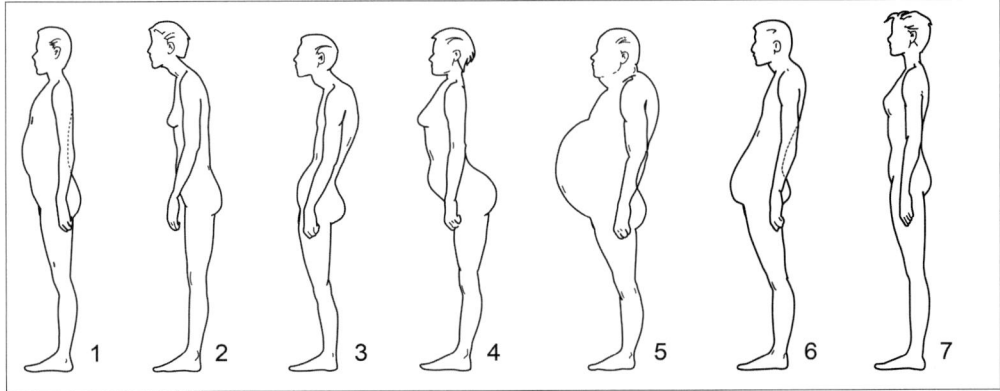

Abb. 7.5   Körperformen nach F. X. Mayr

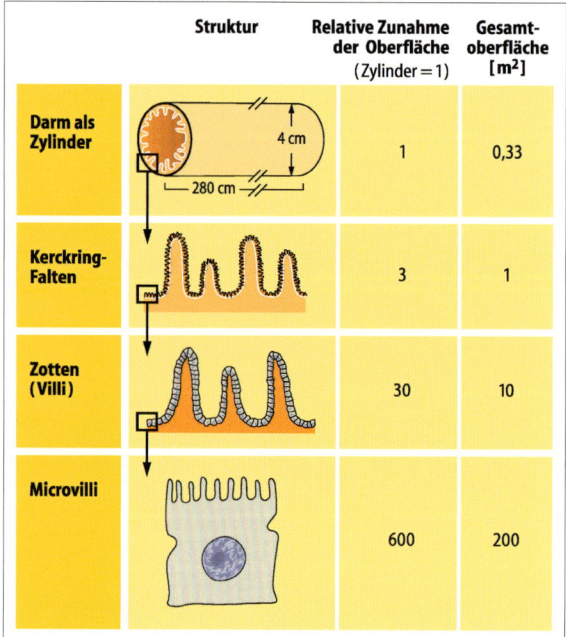

Abb. 7.6   Schematischer Querschnitt durch einen gesunden Darm

„Im Darm liegt die Heilung!", wusste schon Paracelus im 16. Jahrhundert. Darmerkrankungen haben weitreichende Auswirkungen auf den gesamten Organismus. So besitzen Menschen mit Reizdarm, Morbus Crohn, Übergewicht, Rheuma, Arthritis, Morbus Bechterew und verschiedenen chronischen degenerativen Erkrankungen eine andere Darmflora als Menschen mit gesundem Darm.

Getreidekonsum kann den Darm schädigen. Ob dies der Fall ist oder nicht, hängt von vielen Faktoren ab, vor allem von der Menge und Häufigkeit und natürlich auch davon, ob man andere darmschädigende Nahrungsmittel, Getränke und Medikamente zu sich nimmt oder Verhaltensweisen praktiziert.

Menschen mit einer gesunden Darmflora, die in Maßen Getreideprodukte verzehren, werden im Allgemeinen keine Probleme damit haben. Denn die von den Saponinen abgetöteten Darmbakterien werden durch die Neuproduktion von gesunden Darmbakterien wieder vollständig ersetzt. Leider sind Menschen mit einer gesunden Darmflora aber inzwischen selten geworden. Ab und zu ein Toastbrot wird niemandem schaden. Aber jeden Tag Pizza, Burger, Riegel und Bier zu verzehren, kann den gesündesten Darm nachhaltig beeinträchtigen – vor allem wenn dies noch mit Softdrinks und hohem Zuckerkonsum und darmschädigenden Antibiotika kombiniert wird.

7.3. Kohlenhydrate – Fluch und Segen der Menschheit

Kohlenhydrate kamen im Speiseplan unserer Vorfahren vor 5.000 Jahren nicht vor, abgesehen vom Fruchtzucker reifer Früchte und Honig als seltene Delikatesse. Unser Stoffwechsel ist deshalb von der Natur so entwickelt worden, dass er die zur Versorgung des Gehirns und der Muskeln nötige Energie zuerst aus dem Blutkreislauf, dann aus den Gykogenspeichern der Leber und der Muskulatur und, wenn diese aufgebraucht sind, durch den Abbau unserer Fettreserven freisetzt. Das tut er aber nur, wenn kein Überschuss an Glukose in unseren Adern zirkuliert, das heißt vereinfacht ausgedrückt, wenn Sie keine schnell ins Blut übergehenden Kohlenhydrate verspeist haben.

Dieser kontinuierliche, komplexe Prozess, die Glukoneogenese, versorgt unseren Körper über den ganzen Tag hinweg gleichmäßig mit der nötigen Energie. Dies war überlebenswichtig, denn sonst hätten unsere Vorfahren Perioden mit geringem, unregelmäßigem Nahrungsmittelangebot nicht überlebt. Das Resultat: Unser Körperfett und die Fette in den Blutbahnen werden abgebaut. Da der Blutzuckerspiegel durch diesen Prozess auf etwa dem gleichen Niveau gehalten wird, verspüren wir auch keine ständig wiederkehrenden Heißhungerattacken.

Dies wäre seinerzeit auch fatal gewesen. Stellen Sie sich vor, ein schon hoch entwickelter Steinzeitmensch wacht vor 5.000 Jahren in seiner Höhle auf und es gibt kein Frühstück – keine frischen Brötchen mit Marmelade und Kaffee. Muss er jetzt geschwächt und mit knurrendem Magen auf die Jagd gehen? Hätte er dann gute Chancen, etwas zu erlegen? Wohl kaum.

Sie kennen alle das Phänomen, dass nach einem opulenten Mittagessen mit schnellen Kohlenhydraten und viel Fett bei vielen Büromenschen das „Verdauungskoma" einsetzt (außer bei jenen, die mittags Salat mit Putenstreifen gegessen haben). Dann wird der Parasympathikus[3] des vegetativen Nervensystems aktiv, der sogenannte „Ruhenerv", der die Verdauung fördert. Das ist von der Natur so vorgesehen. Denn nach dem Essen soll man ruhen und keine stressigen Besprechungen abhalten.

---

3   Der Parasympathikus ist eine der drei Komponenten des vegetativen Nervensystems, das für die unwillkürliche, das heißt nicht dem Willen unterliegende, Steuerung der meisten inneren Organe und des Blutkreislaufs verantwortlich ist. Er wird auch als „Ruhenerv" bezeichnet, da er dem Stoffwechsel, der Regeneration und dem Aufbau körpereigener Reserven dient. Er sorgt für Ruhe, Erholung und Schonung. www.de.wikipedia.org/wiki/Parasympathikus, 08.09.2014

Bei Kohlenhydraten, die langsamer ins Blut übergehen, sogenannten „langsamen Kohlenhydraten", mit einem niedrigen glykämischen Index[4] tritt der beschriebene Effekt nicht auf. Trotzdem müssen wir uns bewusst sein, dass Kohlenhydrate nicht zu der ursprünglichen Ernährung des Menschen zählen. Wir sollten sie deshalb entweder meiden oder nur in geringen Mengen und dann nur „langsame Kohlenhydrate" konsumieren, wenn uns unsere Gesundheit und Leistungsfähigkeit wichtig ist.

Bei einer solchen Ernährungsweise werden Sie sich wundern, wie schnell Ihre Pfunde purzeln, ohne dass Sie eine bestimmte Diät einhalten oder sich mit Hungern quälen müssen. Die Umstellung können Sie sofort beginnen:

- Wenn Sie Hunger verspüren, dann essen Sie Gemüse und Obst, Fleisch und Fisch und trinken klares Wasser, sonst nichts.
- Bewegung fördert den Prozess des Abnehmens. Wer es aber nicht gewöhnt ist, sich zu bewegen, sollte zuerst Pfunde abbauen und dann mit gemäßigtem Sport beginnen, sonst können eine Überbelastung der Gelenke, des Herzens und der sonstigen Strukturen die Freude an der Bewegung vereiteln.

In Abb. 7.7 zeigt Loren Cordain in seiner Doktorarbeit die prozentuale Zusammensetzung der Nahrungsmittel, für die der Mensch im Laufe der Evolution geschaffen wurde. Sie entspricht dem Nahrungsangebot der Jäger-und-Sammler-Populationen. Außer Fruchtzucker, der nicht sehr insulinwirksam ist, gab es keine Kohlenhydrate auf dem Speisezettel. Und das ist erst 5.000 Jahre her.

Da sich viele Menschen ein Leben ohne „moderne" Kohlenhydrate gar nicht vorstellen können, ist das Ergebnis einer Studie interessant, bei der die Auswirkungen auf die Gesundheit des Menschen bei Fehlen von Kohlenhydraten in der Ernährung untersucht wurden. Das Ergebnis: Eine Erkrankung des Menschen durch das Fehlen von Kohlenhydraten in seiner Ernährung ist unbekannt bzw. konnte bei Versuchen nicht nachgewiesen werden. Kein Wunder, denn die Ernährung ohne Kohlenhydrate ist Millionen Jahre alt, eine mit erst 5.000 Jahre.

---

4   Der glykämische Index (GI) ist das Maß der blutzuckersteigernden Wirkung von Lebensmitteln, bei dem Traubenzucker den Referenzwert 100 erhält. Nahrungsmittel mit einem hohen GI führen zu einem hohen, Nahrungsmittel mit einem niedrigen GI zu einem geringen Anstieg des Blutzuckerspiegels.

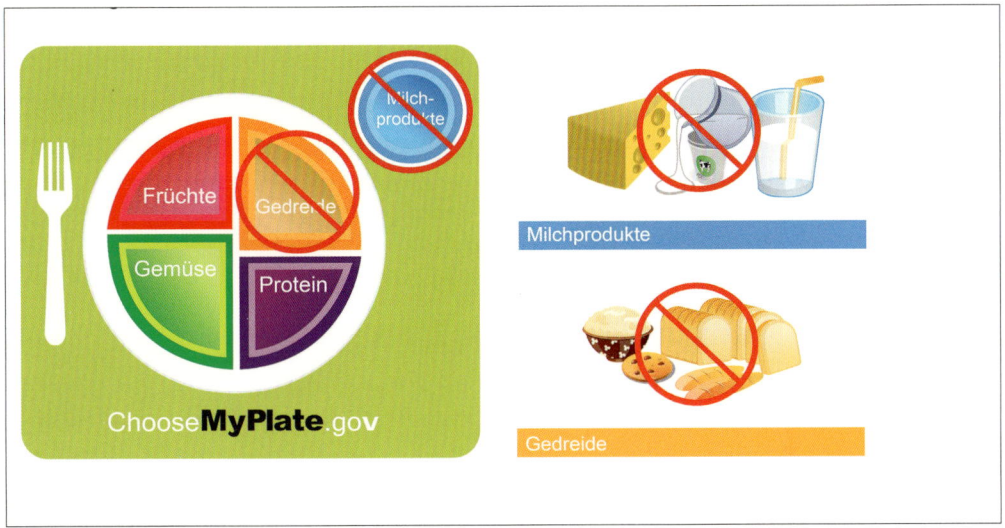

Abb. 7.7   Nahrungsangebot der Jäger und Sammler

7.4.   Zucker – unsere Lieblingsdroge

Seit wann gibt es Zucker? Fruchtzucker gab es schon immer in reifen Früchten, sofern keine Eiszeit das verhinderte. Sonst gab es nur Honig, der schwer zu besorgen war und nur selten zur Nahrung der Menschen gehörte. Zucker aus Zuckerrohr konnte in der Spätantike bei reichen Patriziern in Rom nachgewiesen werden. Er wurde aus Südostasien über Persien importiert. Sonst verwendeten die Römer zum Süßen eingekochten Traubensaft. Nach Mitteleuropa kam Zucker erst durch die Kreuzfahrer, ab etwa 1.100 n. Chr. Er blieb ein begehrtes Luxusgut für die Reichen.

Erst 1747 wurde der Zuckergehalt der Zuckerrübe entdeckt. Es dauerte jedoch noch bis zur Mitte des 19. Jahrhunderts, bis Zucker in so großen Mengen und so kostengünstig hergestellt werden konnte, dass er auch für den Normalbürger erschwinglich wurde. Um 1900 wurden weltweit schon etwa elf Millionen Tonnen Zucker produziert. Im Jahr 2012 waren es 177 Millionen Tonnen.[5]

Zucker wird heute vielen Fertigprodukten beigegeben und findet sich sogar in Brot, Nudelsalat, Wurst und Chips. Dabei kann regelmäßiger, übermäßiger Zuckerkonsum eine Reihe negativer

---

5   http://www.suedzucker.de/de/Zucker/Zahlen-zum-Zucker/Welt/

Symptome auslösen oder zumindest fördern: An erster Stelle stehen Erschöpfung und Müdigkeit als Folge eines Konsums schneller Kohlenhydrate und dem nachfolgend raschen Abfall des Blutzuckerspiegels, daneben Adipositas, Diabetes Typ 2, Hautprobleme, Probleme mit den Zähnen (Karies, Parodontitis), Pilzbefall im Darm, Blähungen, Durchfall und eine erhöhte Neigung zu Infektionskrankheiten.

Warum essen wir dann überhaupt Zucker?

Die Antwort ist einfach: Zucker wirkt wie eine Droge. Studien haben herausgefunden, dass er im Gehirn ähnliche Reaktionen auslöst wie Morphine, Kokain und Nikotin. Menschen mit Zuckersucht kommen davon nicht los, auch wenn ihnen bewusst ist, dass Zucker schadet – ein typisches Suchtproblem.

Auch wenn es weh tut: Am besten leben Sie, wenn Sie, wie unsere Vorfahren vor 5.000 Jahren, auf täglichen Zuckerkonsum verzichten. Dann bleibt Ihre Leistungskurve während des ganzen Tages gleichmäßig hoch und Ihre Gesundheit erhalten. Wenn Sie dann zu seltenen Gelegenheiten einmal etwas Honig naschen, so wird dies Ihrer Gesundheit nicht schaden.

7.5.   Salz – selbstverständlich, aber unnötig

Die Verwendung von Speisesalz ist für uns selbstverständlich. Viele Speisen in Restaurants und Gaststätten sind versalzen, um den Durst der Gäste zu steigern. Auch Fertiggerichte sind meist zu stark gesalzen. Bei unseren Vorfahren war dies aber nicht so. Sie hatten weder Salz noch Gewürze, um ihre Speisen schmackhaft zu machen, und haben Hunderttausende von Jahren ohne diese gelebt.

Die erste nachgewiesene Verwendung von Salz stammt von den Babyloniern und Sumerern, die Salz zum Konservieren von Lebensmitteln verwendeten. Die älteste Salzgewinnung in Mitteleuropa wurde vermutlich um etwa 5.000 v. Chr. in Hallstatt und Hallein von den Kelten betrieben. In der Folge wurde Salz zu einem wertvollen Handelsgut, sodass die Römer ihre Legionäre sogar zeitweise damit bezahlten.

Salz war für den Normalbürger immer ein teures Luxusgut und kam deshalb auch in seiner Ernährung kaum vor. Erst als man Mitte des 19. Jahrhunderts begann, die mehrere hundert Meter dicken, 250 Millionen Jahre alten Salzschichten des Zechsteinmeers abzubauen, wurde Salz auch für die Bevölkerung in Deutschland erschwinglich.

So gehört auch Salz erst seit etwa 150 Jahren zu unserem regelmäßigen Speiseplan. Nachdem es wenig kostet, wird es reichlich verwendet, woran wir von unseren Genen her nicht angepasst sind und was dem menschlichen Organismus folglich auch nicht bekommt. Man schätzt, dass der Salzkonsum in Deutschland mehr als doppelt so hoch ist wie für den Menschen zuträglich.

Hoher Salzkonsum wird für Bluthochdruck verantwortlich gemacht sowie für Wasseransammlungen im Körper. Mit Salz konservierte Lebensmittel stehen im Verdacht Magenkrebs hervorzurufen. Wenn möglich sollten Sie auf die bewusste Verwendung von Salz ganz verzichten. Üblicherweise ist vielen Lebensmitteln Salz zugesetzt, sodass Sie ausreichend Salz durch den Konsum von Fleisch- und anderen Produkten zuführen, und zwar ohne es zu wollen, wenn Sie z. B. essen gehen, eingeladen sind oder durch Fertiggerichte und -soßen.

7.6.   Milch – gut für Säuglinge

Mit der neolithischen Revolution kam auch die Stallhaltung von Tieren und damit stand anfänglich die Milch der Schafe und Ziegen, später auch von Kühen, als Nahrungsmittel zur Verfügung. Man kann davon ausgehen, dass den ersten erwachsenen Menschen, die Milch tranken, diese nicht bekam. Vermutlich wurde ihnen übel, sie bekamen Blähungen und Durchfall. Denn das Enzym *Laktase*, das den Milchzucker aufspaltet, wird nur von Säuglingen gebildet. Nach dem Abstillen wird die Produktion eingestellt bzw. stark reduziert. Dieses Enzym wird dann ja nicht mehr gebraucht; die Natur arbeitet aber nach dem Effizienzprinzip und schaltet alles ab, was nicht benötigt wird. So vertragen auch heute etwa 80 % der erwachsenen Menschen keine Milch.

Nachweislich um etwa 3.500 v. Chr., vielleicht auch schon früher, hat sich, vermutlich im heutigen Norddeutschland und südlichen Dänemark, eine Population entwickelt, die die Produktion der Laktase nach dem Abstillen nicht einstellte. Aufgrund dieser epigenetischen Anpassung können diese Menschen ihr Leben lang Milchprodukte aufspalten. Zu ihnen gehört der Großteil der Norddeutschen, Niederländer, Dänen, Schweden und anderer Skandinavier.

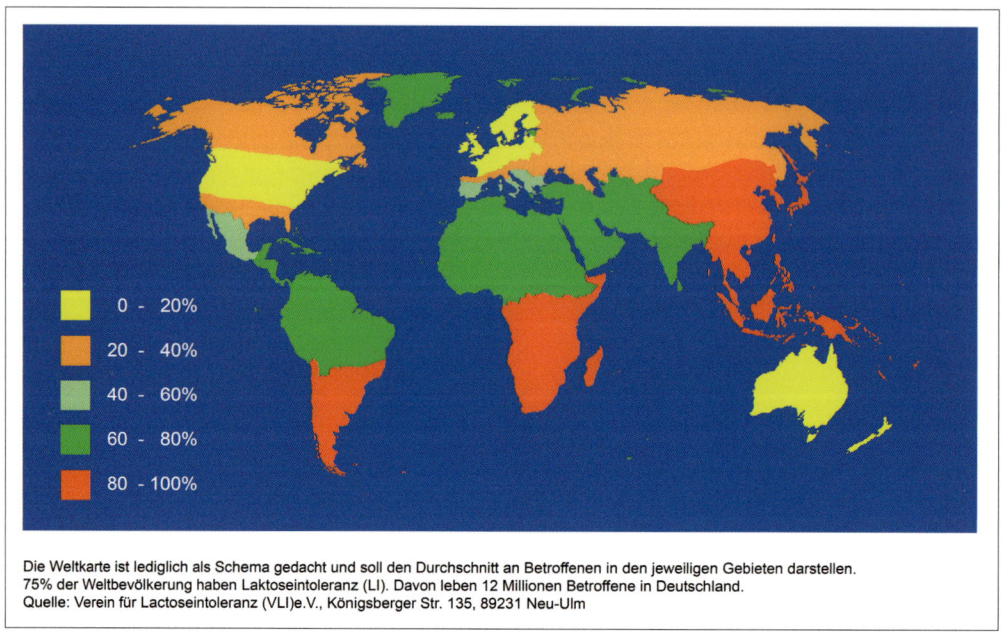

Die Weltkarte ist lediglich als Schema gedacht und soll den Durchschnitt an Betroffenen in den jeweiligen Gebieten darstellen. 75% der Weltbevölkerung haben Laktoseintoleranz (LI). Davon leben 12 Millionen Betroffene in Deutschland. Quelle: Verein für Lactoseintoleranz (VLI)e.V., Königsberger Str. 135, 89231 Neu-Ulm

Abb. 7.8   Weltweite Verteilung der Laktoseintoleranz, © Verein für Laktoseintoleranz

Außer in Nordeuropa, von wo aus sich diese genetische Anpassung in die restliche Welt verbreitet hat, trat die Laktosetoleranz noch an drei Stellen in Afrika auf. Am bekanntesten ist der Stamm der Massai, der Milch problemlos verdauen kann. Die Massai leben seit vielen Generationen ausschließlich von den Produkten ihrer Herden. Das Blut der Rinder, vermischt mit Kuhmilch, ist neben dem Fleisch der Ziegen und Schafe ihre Hauptnahrung.

Vor allem in den dicht besiedelten Gebieten Südostasiens und generell auf der Südhalbkugel unseres Planeten besteht jedoch eine fast hundertprozentige Laktoseintoleranz, das heißt, erwachsene Menschen vertragen Milchprodukte nicht mehr (Abb. 7.8). Bei einigen Menschen betrifft das nicht nur den Milchzucker, sondern auch das Milcheiweiß.

Doch auch in unseren Breiten sind viele Menschen, vor allem Kleinkinder, von Milchallergien betroffen. Das Bundesinstitut für Risikobewertung (BfR) sieht in Kuhmilch eines der wichtigsten allergieauslösenden Lebensmittel im Kindesalter (neben Hühnerei, Fisch, Soja, Weizen und Erdnüssen/Nüssen). Die Folgen sind oft Neurodermitis, Heuschnupfen und Bronchialasthma. Die auftretenden Symptome können sich jedoch mit dem Heranwachsen der Kinder wieder verlieren (BfR 2006).

Milch wird sogar mit dem Auftreten von Parkinson und Prostatakrebs in Zusammenhang gebracht. Studien dazu laufen noch. Es konnte bis jetzt auch noch nicht nachgewiesen werden, dass der Konsum von Milch den Knochenaufbau stärkt. Knochenaufbau findet nach wie vor in erster Linie durch Belastung des Knochens, also durch Bewegung, statt und nicht durch das Trinken von Milch.

7.7. Ständiges Essen und Trinken – eine gefährliche Angewohnheit

Unsere Zähne sind von einem Biofilm (Plaque) umgeben, der zahlreiche Mikroorganismen enthält. Sie verstoffwechseln Kohlenhydrate aus der Nahrung zu Säuren. Diese greifen den Zahnschmelz an und können daraus Kalziumphosphate lösen, was, nach einer gewissen Zeitspanne, zu einer Entmineralisierung des Zahnschmelzes führt, dies wiederum fördert den Beginn einer Karies (Zahnfäule).

Karies geht also eine Veränderung der Zusammensetzung des Biofilms voraus, verursacht durch – einmal mehr – Kohlenhydrate in der Ernährung. Je öfter Kohlenhydrate in Kontakt mit dem Biofilm kommen, desto schneller und nachhaltiger ändert sich seine Zusammensetzung in Richtung säurehaltiger Substanzen und desto höher ist das Risiko für Karies.

Eine Regeneration des Biofilms erfolgt durch den Kontakt mit Speichel, der die Säuren neutralisiert und auch zu einer Remineralisierung der Zahnsubstanz beiträgt. Dieser Prozess benötigt aber Zeit. Dafür sind die Pausen zwischen dem Verzehr von Kohlenhydraten entscheidend.

Dies gilt auch schon für Kleinkinder. Je öfter sie mit Leckereien gefüttert werden, desto schneller entwickelt sich Karies. Keine Angst, auch Kleinkinder verhungern nicht so schnell. Ebenso wenig wie der durchschnittliche Büroarbeiter. Auch für Erwachsene sind ausreichend lange Intervalle zwischen den Nahrungsaufnahmen nötig, damit sich Biofilm und Zahnschmelz regenerieren können. Der kleine Snack zwischendurch, vor allem wenn er auch noch Kohlenhydrate enthält, ist deshalb besonders schädlich.

Auch im Sinne der Metabolic Balance sollten die Intervalle zwischen Nahrungsaufnahmen mindestens fünf Stunden betragen. Nur dann werden die Glukosespeicher in den Zellen geleert und die Bildung von Körperfett vermieden. Snacks zwischendurch sind also nicht nur für die Zähne schädlich, sondern auch für den Fetthaushalt in unserem Körper.

Nicht zu vergessen: Zur Nahrungsaufnahme zählen auch die Getränke. Zuckerhaltige Getränke für Kleinkinder sind unbedingt zu vermeiden. Dazu gehören auch unverdünnte Fruchtsäfte und gesüßte (Fertig-)Tees. Auch für Erwachsene gilt: Zucker in Kaffee und Tee fördert Karies genauso wie zuckerhaltige Limonade, die über den Tag verteilt getrunken wird. Dabei kommt es für die Bildung von Karies nicht auf die Menge an, sondern auf die Häufigkeit des Konsums.

Im Büro findet man oft Mitarbeiter, die ständig etwas zu essen oder zu trinken benötigen. Dies ist eine üble Angewohnheit. Der Mensch braucht weder das eine noch das andere. Den Wirkungsmechanismus, mit dem der Mensch auch während längerer Perioden ohne Nahrungsaufnahme leistungsfähig ist und bleibt, haben wir schon kennengelernt – wir sind von Natur aus Ausdauerjäger. Das gilt auch für die Flüssigkeitsaufnahme.

Im Laufe der Evolution haben sich bei den Säugetieren und Vögeln in den Nieren die sogenannten Henle'schen Schleifen entwickelt, die 90 % des Wassers aus dem Primärharn zurückgewinnen und dem Blutkreislauf wieder zuführen können. Dadurch reicht es aus, dass der Mensch in großen Abständen trinkt, dann aber entsprechend reichlich.

Dies entspricht auch der Verhaltensweise unserer Vorfahren. Oder können Sie sich vorstellen, dass ein Jäger, während er einer Beute nachjagt, zwischendurch an seiner Wasserflasche genibbelt hat, wie man das häufig bei Joggern, ja sogar bei Wanderern und Spaziergängern sieht?

Die Werbung will uns weismachen, dass wir ständig trinken müssen. Ein weiteres Ammenmärchen. Es stimmt zwar, dass wir etwa zwei bis drei Liter Flüssigkeit pro Tag benötigen. Etwa ein Liter davon wird mit der Nahrung aufgenommen. Die restlichen ein bis zwei Liter sollten wir trinken. Dies sollten wir aber in großen Zügen tun, so wie der Jäger, der nach langer Jagd zu einer Quelle findet.

Die von der Werbung kräftig unterstützte, schlechte Angewohnheit, im Büro ständig eine Kleinigkeit essen oder gar naschen zu müssen, schädigt den Organismus auf doppelte Weise:

- Die Glukosespeicher in unseren Zellen werden nicht geleert, weil ständig Nachschub angeliefert wird. Dadurch erhält die Leber keinen Impuls, die Enzyme zu produzieren, die Körperfett abbauen. Triglyzeride und Cholesterin kreisen munter weiter in unseren Adern und werden abgelagert – Triglyzeride in erster Linie, je nach Typus, um den Bauch oder um das Gesäß, Cholesterin in den Adern.
- Die nach einer Mahlzeit im Biofilm unserer Zähne gebildeten Säuren können nicht neutralisiert und Zahnschmelz nicht regeneriert werden.

8. Essen und Trinken so, wie die Natur uns geschaffen hat – auch im Büro

Was liegt näher, als auch so zu essen und zu trinken, wie es unseren Genen entspricht (Abb. 8.1)? Das ist die beste Versicherung, um langfristig gesund und leistungsfähig zu bleiben.

- Vermeiden Sie alle Getränke und Nahrungsmittel die HFCS („high fructose corn syrup") enthalten.
- Verzichten Sie auf den Konsum von schnellen Kohlenhydraten, vor allem auf Zucker.
- Reduzieren Sie den Konsum von Kohlenhydraten so weit wie möglich.

Frisches Gemüse　　　Gesunde Öle　　　Frische Früchte

Nüsse/ Samen　　　Fisch/ Meeresfrüchte　　　Fleisch von mit Grünfutter ernährten Tieren

Abb. 8.1　Empfehlung für eine neuzeitliche Ernährung basierend auf einem steinzeitlichen Nahrungsmittelangebot

- Salzen Sie das Essen nicht zusätzlich, der Salzstreuer am Tisch gehört in die Verbannung.
- Verzehren Sie reichlich Obst und Gemüse – wenn Sie die fünf Stunden Pause zwischen den Mahlzeiten nicht durchhalten, auch als Snack zwischendurch.
- Konsumieren Sie Milchprodukte nur dann, wenn Sie sicher sind, zu dem Phänotyp zu gehören, der auch nach dem Abstillen noch Laktase produziert.
- Nüsse und Samen haben schon unsere Vorfahren in der Steinzeit gegessen. Sie haben einen hohen Nährwert.
- Fisch und Krustentiere sowie mageres Fleisch sind gute Proteinquellen, die unser Körper dringend braucht.
- Pflanzliche Öle sind wertvolle Energieträger.
- Auf Fertigprodukte ist weitgehend zu verzichten, entdecken Sie die Lust am Kochen.
- Essen und trinken Sie in ausreichend großen Abständen, auch Ihr Körper braucht seine Pausen zwischen den Mahlzeiten.

Nachwort

Die letzten Jahrzehnte haben gezeigt, dass die Art und Weise wie in Büros, gleichgültig ob zu Hause oder in der Firma, gearbeitet wird, zu immer mehr Zivilisationskrankheiten führt. Wir drohen in einer Sackgasse der menschlichen Entwicklung zu landen, denn dieses Verhalten steht im Widerspruch zu unseren Genen. Veränderung ist deshalb dringend nötig, denn Zivilisationskrankheiten kann man nicht mit Pillen heilen, sondern nur durch anderes Verhalten verhüten. Es muss uns klar sein, dass:

„Wer immer den gleichen Weg geht, auch immer am gleichen Ziel ankommen wird."

Veränderung braucht immer Kraft! Zuerst für die Einsicht, dann für die konsequente Umsetzung des neuen Verhaltens. Diese Energie bringt man im Allgemeinen nur dann auf, wenn einen entweder eine tief greifende Erkenntnis („deep learning") dazu gebracht hat, sein Fehlverhalten einzusehen, oder wenn man durch Schmerzen dazu getrieben wird. Mein Wunsch war es, Ihnen durch dieses Buch das zweite Schicksal zu ersparen.

„Jeder ist seines Glückes Schmied."

Welchen Weg Sie wählen, entscheiden Sie selbst. Sie können auch weitermachen wie bisher, mit allen Auswirkungen auf Ihren beruflichen und privaten Erfolg und auf Ihre Lebensqualität. Aber das hoffe ich natürlich nicht. Werden Sie Teil dieser neuen Bewegung – es lohnt sich bei den Ersten zu sein, die dies erkannt haben!

Weil jede Veränderung Widerstand hervorruft, ist auch beim Konzept des Active Office zu erwarten, dass zahlreiche Stimmen sich erheben werden und lauthals verkünden: „Das kann nicht funktionieren", „Das haben wir noch nie so gemacht", „Wo kommen wir denn hin, wenn das jeder macht" oder „Was soll sich denn mein Arbeitskollege denken, wenn ich am Boden herumkrame" ... Jedoch, seien Sie sich bewusst:

„Nichts ist so mächtig wie eine Idee, deren Zeit gekommen ist!"

Sie lässt sich durch nichts aufhalten.

Und ich freue mich, wenn sie Ihr Leben verbessert!

Literaturverzeichnis

Abbott RD, White LR, Ross GW, Masaki KH, Curb JD, Petrovitch H (2004) Walking and dementia in physically capable elderly men. JAMA 292: 1447–1453

Ameri A (2001) Neue Nervenzellen in alten Gehirnen. Eine mögliche Rolle bei Reparatur- und Lernprozessen. Extracta Psychiatrica / Neurologica 15(1/2): 12–16

BAuA – Bundesanstalt für Arbeitsschutz und Arbeitsmedizin (Hrsg) (2005) Stehend K. O. Wenn Arbeit durchgestanden werden muss. BAuA, Dortmund

Bays HE (2009) „Sick fat," metabolic disease, and atherosclerosis. Am J Med 122(1 Suppl): S26–37

Berrington de Gonzalez A, Hartge P, Cerhan JR, Flint AJ, Hannan L, MacInnis RJ, Moore SC, Tobias GS, Anton-Culver H, Freeman LB, Beeson WL, Clipp SL, English DR, Folsom AR, Freedman DM, Giles G, Hakansson N, Henderson KD, Hoffman-Bolton J, Hoppin JA, Koenig KL, Lee IM, Linet MS, Park Y, Pocobelli G, Schatzkin A, Sesso HD, Weiderpass E, Willcox BJ, Wolk A, Zeleniuch-Jacquotte A, Willett WC, Thun MJ (2010) Body-mass index and mortality among 1.46 million white adults. N Engl J Med 363(23): 2211–2219

Bey L, Hamilton MT (2003) Suppression of skeletal muscle lipoprotein lipase activity during physical inactivity: a molecular reason to maintain daily low-intensity activity. Journal Physiol 551: 673–682

Bohulskyy Y, Erlinghagen M, Scheller F (2011) IAQ Report 2011/03: Aktuelle Forschungsergebnisse aus dem Institut Arbeit und Qualifikation. Arbeitszufriedenheit in Deutschland sinkt langfristig. Universität Duisburg Essen. http://www.iaq.uni-due.de/iaq-report/2011/report2011-03.pdf. Zugegriffen: 03. Juli 2014

Booth JN, Leary SD, Joinson C, Ness AR, Tomporowski PD, Boyle JM, Reilly JJ (2014) Association between objectively measure physical activity and academic attainment in adolescents from UK cohort. Br J Sports Med 48(3): 265–270

Breithecker D (2009) Häufiger Haltungswechsel, Körperliche und Geistige Gesundheit brauchen Bewegung. Das Büro Healty Office, Sonderausgabe: 28–29

Breithecker D (2013) Verhaltensverführungen im Büro zur Unterstützung körperlicher und mentaler Haltungswechsel. Die Säule 3, 30–33

Buchner A, Brandt M (2002) Gedächtniskonzeptionen und Wissenspräsentationen. In: Müsseler J, Prinz W (Hrsg) Allgemeine Psychologie. Spektrum, Heidelberg, S 495–543

Budde H, Voelcker-Rehage C, Pietrabyk-Kendziorra S, Ribeiro P, Tidow G (2008) Acute coordinative exercise improves attentional performance in adolescents. Neurosci Lett 441(2): 219–223

Bundesinstitut für Risikobewertung (BfR) (2006) Allergien in Deutschland. Presseinformation vom 15. August 2006, BfR, Berlin

Burger K (2013). Bewegung statt Brille. Artikel vom 26. Februar 2013, SZ: 48

Chastin SF, Ferriolli E, Stephens NA, Fearon KC, Greig C (2012) Relationship between sedentary behavior, physical activity, muscle quality and body composition in healthy older adults. Age Ageing 41(1): 111–114

Cordain L (o. J.) Dietary Mechanisms of autoimmunity. Ph. D. Thesis. Colorado State University, Fort Collins, CO, USA

Deffeyes JE, Harbourne RT, Kyvelidou A, Stuberg WA, Stergiou N (2009) Nonlinear analysis of sitting postural sway indicates developmental delay in infants. Clin Biomech (Bristol, Avon) 24(7): 564–570

Dietz V (1996) Interaction between central programs and afferent input in the control of posture and locomotion. J Biomech 29(7): 841–844

Dordel S, Breithecker D (2003) Bewegte Schule als Chance einer Förderung der Lern- und Leistungsfähigkeit. Haltung und Bewegung 2: 5–15

Dunstan DW, Kingwell BA, Larsen R, Healy GN, Cerin E, Hamilton MT, Shaw JE, Bertovic DA, Zimmet PZ, Salmon J, Owen N (2012) Breaking up prolonged sitting reduces postprandial glucose and insulin responses. Diabetes Care 35(5): 976–983

Duysens J, Clarac F, Cruse H (2000) Load-regulation mechanism in gait and posture:comparative aspects. Physiol Rev 80(1): 83–133

Ekblom-Bak E, Hellénius ML, Ekblom B (2010) Are we facing a new paradigm of inactivity physiology? Br J Sports Med 44(12): 834–835

Eriksson PS, Perfilieva E, Björk-Eriksson T, Alborn AM, Nordborg C, Peterson DA, Gage FH (1998) Neurogenesis in the adult human hippocampus. Nat Med 4(11): 1313–1317

Faller A, Schünke M (2012) Der Körper des Menschen: Einführung in Bau und Funktion. 16. Aufl. Thieme, Stuttgart

Fenety A, Walker JM (2002) Short-term effects of workstation exercises on musculoskeletal discomfort and postural changes in seated video display unit workers. Phys Ther 82(6): 578–589

Ganten D, Spahl T, Deichmann T (2009) Die Steinzeit steckt uns in den Knochen. Gesundheit als Erbe der Evolution. Piper, München

Garland T Jr, Schutz H, Chappell MA, Keeney BK, Meek TH, Copes LE, Acosta W, Drenowatz C, Maciel RC, van Dijk G, Kotz CM, Eisenmann JC (2011) The biological control of voluntary exercise, spontaneous physical activity and daily energy expenditure in relation to obesity: human and rodent perspectives. J Exp Biol 214(Pt 2): 206–229

GEO kompakt (2013) Sport und Gesundheit. Die Heilkraft der Bewegung, Heft Nr. 34. Gruner + Jahr, Hamburg

Haas C, Holzinger S, Schubert P, Kirchner M (2012) Komplexe Analyse kinematischer Merkmale des Sitzverhaltens auf unterschiedlichen Sitzmöbeln. Unveröffentlichter Projektbericht. Hochschule Fresenius, Idstein

Haffner SM (2007) Abdominal adiposity and cardiometabolic risk: do we have all the answers? Am J Med 120(9 Suppl 1): S10–16

Haller M, Leitner J, Seifried T, Wallace JR, Scott SD, Richter C, Brandl P, Gokcezade A, Hunter S (2010) The NiCE Discussion Room: Integrating Paper and Digital Media to Support Co-Located Group Meetings. CHI '10 Proceedings of the SIGCHI Conference on Human Factors in Computing Systems Pages. ACM New York, NY, USA: 609–618

Haskell WL, Lee IM, Pate RR, Powell KE, Blair SN, Franklin BA, Macera CA, Heath GW, Thompson PD, Bauman A (2007) Physical activity and public health: updated recommendation for adults from the American College of Sports Medicine and the American Heart Association. Med Sci Sports Exerc 39(8): 1423–1434

Haskell WL, Blair SN, Hill JO (2009) Physical activity: health outcomes and importance for public health policy. Prev Med 49(4): 280–282

Healy GN, Dunstan DW, Salmon J, Cerin E, Shaw JE, Zimmet PZ, Owen N (2008a) Breaks in sedentary time: beneficial associations with metabolic risk. Diabetes Care 31(4): 661–666

Healy GN, Wijndaele K, Dunstan DW, Shaw JE, Salmon J, Zimmet PZ, Owen N (2008b) Objectively measured sedentary time, physical activity, and metabolic risk: the Australian Diabetes, Obesity and Lifestyle Study (AusDiab). Diabetes Care 31 (2): 369–371

Healy GN, Dunstan DW, Salmon J, Shaw JE, Zimmet PZ, Owen N (2008c) Television time and continuous metabolic risk in physically active adults. Med Sci Sports Exerc 40(4): 639–645

Hollmann W, Strüder HK, Kagarakis CVM (2005) Gehirn und körperliche Aktivität. Sportwiss 35(1): 3–14

Ickes BR, Pham TM, Sanders LA, Albeck DS, Mohammed AH, Granholm AC (2000) Long-term environmental enrichment leads to regional increases in neurotrophin levels in rat brain. Exp Neurol 164(1): 45–52

Imhof M (1995) Mit Bewegung zu Konzentration? Waxmann, Münster

ISG – Integrative Systemergonomie und Gesundheitsmanagement e.V. (2007) Innovative Systemergonomie und Gesundheit. Steh-Sitz-Dynamik. http://www.isg-systemergonomie.de. Zugegriffen: 03. Juli 2014

Johannsen DL, Ravussin E (2008) Spontaneous physical activity: relationship between fidgeting and body weight control. Curr Opin Endocrinol Diabetes Obes 15(5): 409–415

Johnson Controls (2010) Oxygenz, Country Report Germany, Understanding the Generation Y, How would they like to work? http://www.johnsoncontrols.com/content/dam/WWW/jci/be/global_workplace_innovation/oxygenz/Oxygenz_report_Germany.pdf. Zugegriffen: 03. Juli 2014

Kellerer M (2001) Insulinresistenz bei Typ 2 Diabetes. Diabetes heute – ein Service des Deutschen Diabetes Zentrum (DZZ). http://www.diabetes-heute.uni-duesseldorf.de/fachthemen/insulinresistenz/index.html?TextID=969. Zugegriffen: 03. Juli 2014

KKH – Kaufmännische Krankenkasse (Hrsg) (2006) Weißbuch Prävention 2005/2006. Stress? Ursachen, Erklärungsmodelle und präventive Ansätze. Springer Medizin, Heidelberg

Kubesch S (2008) Das bewegte Gehirn. Körperliche Aktivität und exekutive Funktionen. Hofmann, Schorndorf

Kwak L, Kremers SP, Bergman P, Ruiz JR, Rizzo NS, Sjöström M (2009) Associations between physical activity, fitness and academic achievement. J Pediatr 155(6): 914–918

Lauenstein C (2011) Gefahr im Büro: Wer länger sitzt, ist früher tot. Artikel vom 12. Juli 2011, erschienen im stern. http://www.stern.de/gesundheit/ruecken/aktuelles/gefahr-im-buero-wer-laenger-sitzt-ist-frueher-tot-1704749.html. Zugegriffen: 03. Juli 2014

Levine JA (2002) Non-exercise activity thermogenesis (NEAT). Best Pract Res Clin Endocrinol Metab 16(4): 679–702

Levine JA, Eberhardt NL, Jensen MD (1999) Role of nonexercise activity thermogenesis in resistance to fat gain in humans. Science 283(5399): 212–214

Lopes L, Santos R, Pereira B, Lopes VP (2013) Associations between gross motor coordination and academic achievement in elementary school children. Hum Mov Sci 32(1): 9–20

Ludwig O, Breithecker D (2008) Untersuchung zur Änderung der Oberkörperdurchblutung während des Sitzens auf Stühlen mit beweglicher Sitzfläche. Haltung und Bewegung 3: 5–12

Ludwig O, Schmitt E (2006) Neurokybernetik der Körperhaltung. Haltung und Bewegung 1: 5–14

Mandal AC (1987) "The Seated Man" (homo sedens). Dafnia Publications, TaarbækStrandvej 49, Klampenborg, Denmark

Niemelä K, Väänänen I, Leinonen R, Laukkanen P (2011) Benefits of home-based rocking-chair exercise for physical performance in community-dwelling elderly women: a randomized controlled trial. Aging Clin Exp Res 23(4): 279–287

Olsen RH, Krogh-Madsen R, Thomsen C, Booth FW, Pedersen BK (2008) Metabolic responses to reduced daily steps in healthy nonexercising men. JAMA 299(11): 1261–1263

Owen N, Healy GN, Matthews CE, Dunstan DW (2010) Too much sitting: the population health science of sedentary behavior. Exerc Sport Sci Rev 38(3): 105–113

Pate RR, O'Neill JR, Lobelo F (2008) The evolving definition of "sedentary". Exerc Sport Sci Rev 36(4): 173–178

Patla AE, Adkin A, Ballard T (1999) Online steering: coordination and control of body center of mass, head and body orientation. Exp Brain Res 129(4): 629–634

Petry S (2009) Arbeiten in Zwangshaltung. Informationsdienst des hessischen RKW-Arbeitskreises „Gesundheit im Betrieb". VMBG: 3: 16–20

Pruinboom L (2010) The Psychoneuroimmunology of Human Being, The Origin and the Future. Seminarunterlagen KPNI 1. January 2010, University of Gerona/Graz. Vortrag im November 2010 in Neutraubling

Rasmussen P, Nielsen J, Overgaard M, Krogh-Madsen R, Gjedde A, Secher NH, Petersen NC (2010) Reduced muscle activation during exercise related to brain oxygenation and metabolism in humans. J Physiol 588(Pt 11): 1985–1995

Ravussin E (2005) A NEAT way to control weight? Science 307(5709): 530–531

Reichel HS, Schuk M, Seibert W (2000) Die Wirbelsäule. Prävention und Rehabilitation durch Bewegung und Entspannung. Gesundh.-Dialog, Oberhaching

RKI – Robert Koch-Institut (Hrsg) (2003) Bundes-Gesundheitssurvey: körperliche Aktivität. Beiträge zur Gesundheitsberichterstattung des Bundes. http://edoc.rki.de/documents/rki_fv/reJBwqKp45PiI/PDF/206ee9py9oog_18.pdf. Zugegriffen: 03. Juli 2014

Schön F (2009) Feldstudie zum dynamischen Sitzen unter verschiedenen Arbeitsplatzbedingungen. Zentralblatt für Arbeitsmedizin, Arbeitsschutz und Ergonomie 2: 44–55

Schulte-Merker S, Sabine A, Tetrova TV (2011) Lymphatic vascular morphogenesis in development, physiology, and disease. J Cell Biol 193(4): 607–618

Schuster N (2009) Entzündungen führen zum Diabetes. Pharmazeutische Zeitung 35. http://www.pharmazeutische-zeitung.de/index.php?id=30767, Zugegriffen: 03. Juli 2014

Silberzahn J (2012) Projekt Schnecke – Bildung braucht Gesundheit II. Schule & Gesundheit. Hessisches Kultusministerium. http://www.schuleundgesundheit.hessen.de/fileadmin/content/Themen/Bewegung_ab_2012/Faltblatt-SchneckeStand3.8.2012.pdf. Zugegriffen: 03. Juli 2014

Søndergaard KH, Olesen CG, Søndergaard EK, de Zee M, Madeleine P (2010) The variability and complexity of sitting postural control are associated with discomfort. J Biomech 43(10): 1997–2001

StepStone (2011) StepStone Employer Report 2011. http://www.stepstone.de/Ueber-StepStone/upload/StepStone_Employer_Branding_Report_2011_final.pdf. Zugegriffen: 03. Juli 2014

Still AT (2010) Das große Still-Kompendium. Autobiographie, Philosophie der Osteopathie, Philosophie und mechanische Prinzipien der Osteopathie, Forschung und Praxis. 3. Aufl. Jolandos, Pähl

Sung PS, Zurcher U, Kaufman M (2007) Comparison of spectral and entropic measures for surface electromyography time series: A pilot study. J Rehabil Res Dev 44(4): 599–609

Tate R (2013) In Silicon Valley, Sitting Is the New Smoking. 26th February 2013. Wired.com. http://www.wired.com/2013/02/sitting-is-the-new-smoking/. Zugegriffen: 03. Juli 2014

Tudor-Locke C, Bassett DR Jr (2004) How many steps/day are enough? Preliminary pedometer indices for public health. Sports Med 34(1): 1–8

Ulich E (1992) Arbeitspsychologie. Poeschel, Stuttgart

Veerman JL, Healy GN, Cobiac LJ, Vos T, Winkler EA, Owen N, Dunstan DW (2012) Television viewing time and reduced life expectancy: a life table analysis. Br J Sports Med 46(13): 927–930

Voelcker-Rehage C (2005) Der Zusammenhang zwischen motorischer und kognitiver Entwicklung im frühen Kindesalter – Ein Teilergebnis der MODALIS-Studie. Deutsche Zeitschrift für Sportmedizin 56(10): 358–363

WHO – Word Health Organization (2010) Global Recommendations on Physical Activity for Health. http://www.who.int/dietphysicalactivity/global-PA-recs-2010.pdf. Zugegriffen: 03. Juli 2014

Wittig T (2000) Ergonomische Untersuchung alternativer Büro- und Bildschirmarbeitsplatzkonzepte. Schriftenreihe der Bundesanstalt für Arbeitsschutz und Arbeitsmedizin: Forschungsbericht, Fb 878. Wirtschaftsverlag NW Verlag für neue Wissenschaft GmbH, Bremerhaven

Index

Index

Bildnachweis

Abb. 1.1   © Josef Glöckl

Abb. 1.2   © Nicolas Glöckl

Abb. 1.3   © Shutterstock.com

Abb. 1.4   © Shutterstock.com

Abb. 1.5   © aeris, Tobias Caratiola

Abb. 1.6   Zeichnung aeris, Tobias Caratiola, schematisch nachempfunden nach DIN EN 527-1: 11/2011-08",
            Beuth Verlag, Berlin, 2011

Abb. 1.7   © SciencePhotoLibrary.com

Abb. 1.8   © Stephan Winkler, München

Abb. 1.9   © Fotolia.com

Abb. 1.10   Zilles, Karl, Tillmann, Bernhard (Hrsg.): Anatomie, Springer Heidelberg 2010, S. VI

Abb. 1.11   © Stephan Winkler, München

Abb. 1.12   © Istock.com

Abb. 1.13   © aeris, Tobias Caratiola

Abb. 1.14   © Stephan Winkler, München

Abb. 1.15   © Stephan Winkler, München

Abb. 1.16   © Stephan Winkler, München

Abb. 1.17   Faller A, Schünke M (1999) Der Körper des Menschen. 13. Aufl. Thieme, Stuttgart, S. 318

Abb. 1.18   Schünke M, Schulte E, Schumacher U (2011) Prometheus: LernAtlas der Anatomie
            Allgemeine Anatomie und Bewegungssystem. 3. Aufl. Thieme, Stuttgart, S. 423

Abb. 1.19   © Shutterstock.com

Abb. 1.20   © Istock.com

Abb. 1.21   Tillmann, Bernhard: Atlas der Anatomie, Springer Heidelberg, 2., überarb. Aufl. 2009, S. 107

Abb. 1.22   © Thinkstock.com

Abb. 1.23   © aeris, Tobias Caratiola

Abb. 1.24   © aeris, Tobias Caratiola

Abb. 1.25   © Stephan Winkler, München

Abb. 2.1   © SciencePhotoLibrary.com

Abb. 2.2   © Fotolia.com

Abb. 2.3   © Thonet GmbH, Frankenberg

Abb. 2.4   © Josef Glöckl

Abb. 2.5   © aeris, Tobias Caratiola

Abb. 2.6   © aeris, Entwurf und Rendering: Tobias Caratiola

Abb. 2.7   © aeris, Entwurf und Rendering: Tobias Caratiola

Abb. 2.8   © aeris, Entwurf und Rendering: Tobias Caratiola

Abb. 2.9   © aeris, Entwurf und Rendering: Tobias Caratiola

Abb. 2.10 © aeris, Entwurf und Rendering: Tobias Caratiola

Abb. 2.11 © aeris, Tobias Caratiola

Abb. 2.12 Zeichnung aeris, Tobias Caratiola, schematisch nachempfunden nach DIN EN 527-1: 11/2011-08",
Beuth Verlag, Berlin, 2011

Abb. 2.13 © aeris, Tobias Caratiola

Abb. 2.14 Zeichnung aeris, Tobias Caratiola, nach Mandal AC (1987) "The Seated Man" (homo sedens).
Dafnia Publications, TaarbækStrandvej 49, Klampenborg, Denmark

Abb. 2.15 © Josef Glöckl

Abb. 2.16 © aeris, Grafik: Jan Lichtenstein, München

Abb. 2.17 © aeris

Abb. 2.18 © Istock.com

Abb. 2.19 © SciencePhotoLibrary.com

Abb. 2.20 © aeris

Abb. 2.21 © aeris, Tobias Caratiola

Abb. 2.22 © aeris, Tobias Caratiola

Abb. 2.23 © aeris, Entwurf: Tobias Caratiola

Abb. 2.24 © aeris, Entwurf und Rendering: Tobias Caratiola

Abb. 2.25 © Kathrin Probst, Media Interaction Lab

Abb. 2.26 © Kathrin Probst, Media Interaction Lab

Abb. 2.27 © aeris, Entwurf und Rendering: Tobias Caratiola

Abb. 2.28 © Kathrin Probst, Media Interaction Lab

Abb. 2.29 Quelle: Haller M. et al. The NiCE Discussion Room: Integrating Paper and
Digital Media to Support Co-Located Group Meetings. In Proceedings CHI ,10, pp. 609_618

Abb. 2.30 © aeris, Tobias Caratiola

Abb. 2.31 © aeris, Tobias Caratiola

Abb. 2.32 © aeris, Tobias Caratiola

Abb. 2.33 © Josef Glöckl

Abb. 2.34 © Josef Glöckl

Abb. 2.35 © aeris, Entwurf und Rendering: Tobias Caratiola

Abb. 2.36 © aeris, Entwurf und Rendering: Tobias Caratiola

Abb. 2.37 © aeris, Entwurf und Rendering: Tobias Caratiola

Abb. 2.38 © aeris, Entwurf und Rendering: Tobias Caratiola

Abb. 2.39 © aeris, Entwurf und Rendering: Tobias Caratiola

Abb. 2.40 © aeris, Entwurf und Rendering: Tobias Caratiola

Bildnachweis

Abb. 2.41 © aeris, Entwurf und Rendering: Tobias Caratiola

Abb. 2.42 © aeris, Tobias Caratiola

Abb. 2.43 © aeris, Tobias Caratiola

Abb. 2.44 © aeris, Dorothea Prodinger-Glöckl

Abb. 2.45 © aeris, Dorothea Prodinger-Glöckl

Abb. 2.46 © aeris, Josef Glöckl

Abb. 2.47 © aeris, Dorothea Prodinger – Glöckl

Abb. 2.48 http://de.wikipedia.org/wiki/Zeitstudie, © Tasma 3197

Abb. 2.49 © Kathrin Probst, Media Interaction Lab

Abb. 2.50 © aeris, Tobias Caratiola

Abb. 2.51 © aeris, Tobias Caratiola

Abb. 2.52 © aeris, Entwurf: Tobias Caratiola

Abb. 2.53 © Egon Heimann GmbH, Classei-Büroorganisation, Marquartstein

Abb. 2.54 © aeris, Dorothea Prodinger-Glöckl

Abb. 2.55 © aeris, Dorothea Prodinger-Glöckl

Abb. 2.56 © Istock.com

Abb. 3.1 © aeris

Abb. 3.2 © Fotolia.com

Abb. 3.3 © Vs Möbel GmbH & Co. KG

Abb. 3.4 © Thinkstock

Abb. 3.5 © Thinkstock

Abb. 3.6 © aeris

Abb. 3.7 © Thinkstock

Abb. 3.8 © Thinkstock

Abb. 3.9 © Dieter Breithecker

Abb. 3.10 © Thinkstock

Abb. 3.11 © Wehrfritz GmbH

Abb. 3.12 © Dieter Breithecker mit freundlicher Genehmigung der Fridtjof-Nansen-Grundschule, Hannover

Abb. 3.13 © Dieter Breithecker mit freundlicher Genehmigung der Fridtjof-Nansen-Grundschule, Hannover

Abb. 3.14 © VS Möbel GmbH & Co. KG

Abb. 3.15 © Thinkstock

Abb. 4.1 © Thinkstock

Abb. 4.2 © VS Möbel GmbH & Co. KG

Abb. 4.3 © VS Möbel GmbH & Co. KG

Abb. 4.4 © Thinkstock

Abb. 4.5 © Thinkstock

Abb. 4.6   © aeris

Abb. 4.7   © Dieter Breithecker

Abb. 4.8   © VS Möbel GmbH & Co. KG

Abb. 4.9   © VS Möbel GmbH & Co. KG

Abb. 4.10 © VS Möbel GmbH & Co. KG

Abb. 4.11 © Thinkstock

Abb. 4.12 © Thinkstock

Abb. 4.13 © aeris

Abb. 4.14 © Fresenius Hochschule Idstein

Abb. 4.15 © aeris

Abb. 4.16 © Oliver Ludwig

Abb. 4.17 © Thinkstock

Abb. 4.18 © VS Möbel GmbH & Co. KG

Abb. 4.19 © Ludwig Artzt GmbH

Abb. 4.20 © aeris

Abb. 4.21 © bellicon GmbH

Abb. 4.22 © Dieter Breithecker

Abb. 5.1   © Thinkstock

Abb. 5.2   © Thinkstock

Abb. 6.1   © Istock.com

Abb. 6.2   aeris, Tobias Caratiola, nach: Jakob Suckale/Michele Solimena

Abb. 6.3   © Thinkstock

Abb. 7.1   © SciencePhotoLibrary.com

Abb. 7.2   Tobias Caratiola, nach: Ulrich Fuchs, http://de.wikibooks.org/wiki/Datei:Evomensch.png

Abb. 7.3   © Apotheken Umschau

Abb. 7.4   © Apotheken Umschau

Abb. 7.5   Quelle: Leider konnten nicht alle Rechteinhaber erreicht werden. Bestehende Rechte werden abgegolten.

Abb. 7.6   Schmidt, Lang, Heckmann: Physiologie des Menschen, Springer Heidelberg, 2011. Seite 822

Abb. 7.7   Tobias Caratiola nach: Cordain L, Miller JB, Eaton SB, Mann N, Holt SH & Speth JD (2000).
Plant-animal subsistence ratios and macronutrient energy estimations in
worldwide hunter-gatherer diets. Am J Clin Nutr 71, 682-692.

Abb. 7.8   Tobias Caratiola, Quelle: Verein für Lactoseintoleranz (VLI) e.V., Königsberger Str. 135, 89231 Neu-Ulm

Abb. 8.1   Tobias Caratiola nach: Cordain L. "Origins and Evolution of The Western Diet:
Health Implications for the 21st Century."" Colorado State University. PowerPoint 2013."